AF564335

L'OR A MINAS GERAES

BRÉSIL

PAR

M. PAUL FERRAND

Ancien élève de l'Ecole Nationale Supérieure des mines de Paris,
Professeur de métallurgie et d'exploitation des mines
à l'Ecole des mines d'Ouro Preto (Brésil)
Officier d'Académie.

VOLUME I

ÉTUDE PUBLIÉE PAR LES SOINS DE LA

COMMISSION DE L'EXPOSITION PRÉPARATOIRE DE L'ÉTAT DE MINAS GERAES, A OURO PRETO

à l'occasion de

l'Exposition minière et métallurgique de Santiago (Chili)

EN 1894

OURO PRETO

IMPRENSA OFFICIAL DO ESTADO DE MINAS GERAES

1894

426 -91

PRÉFACE

Depuis l'année 1890, je poursuis dans le GÉNIE CIVIL (*) *la publication d'une étude sur l'or à Minas Geraes, sous le titre* OURO PRETO ET LES MINES D'OR (BRÉSIL). *Ce travail doit se composer de deux parties distinctes se rapportant, la première à l'étude des exploitations anciennes, la seconde à celle des exploitations modernes. Actuellement, la première partie seule et un chapitre de la seconde partie concernant un* APERÇU GÉNÉRAL SUR LES MINES D'OR ET LES COMPAGNIES DE MINES *sont achevés; leur ensemble forme la matière de ce premier volume, qui devra être suivi postérieurement d'un second, comprenant l'étude particulière de chacune des Compagnies de mines en exploitation et la Législation des mines d'or depuis l'Indépendance du Brésil jusqu'à nos jours.*

(*) *Le Génie Civil*, Revue générale hebdomaire des industries françaises et étrangères. Paris, 6, rue de la Chaussée-d'Antin.

La Commission, nommée par M. Affonso Augusto Moreira Penna, Président de l'Etat de Minas Geraes, pour organiser l'Exposition préparatoire d'Ouro Preto, à l'occasion de l'Exposition minière et métallurgique de Santiago (Chili) en 1894, a jugé que ce qui avait déjà paru de cette étude formait un ensemble assez homogène pour offrir quelque intérêt au sujet de l'industrie de l'or; aussi a t elle décidé d'en faire faire la publication, et ce sont ces divers articles du Génie Civil, *que j'ai pu du reste compléter en plusieurs points à l'aide de renseignements nouveaux recueillis depuis leur apparition, qui composent ce volume.*

Ouro Preto, 1er juillet 1894.

Paul Ferrand

L'OR A MINAS GERAES

Fig. 1. — Ouro Preto et l'Itacolumy.

L'OR A MINAS GERAES

BRÉSIL

CHAPITRE I

INTRODUCTION

§ 1. — Historique

Depuis longtemps déjà, les Portugais avaient fondé de nombreux établissements sur toutes les côtes du Brésil, et les richesses minérales de l'intérieur leur étaient encore inconnues. Cette immense colonie, placée sous les ordres d'un Gouverneur établi à Bahia, véritable vice-roi envoyé par la métropole, était divisée en 14 capitaineries, échelonnées le long des côtes et s'enfonçant dans les terres jusqu'aux *sertões* (1) inaccessibles qu'occupaient les tribus indiennes (fig. 2).

Vers 1572, le bruit commença à se répandre qu'il existait de nombreux gisements de pierres précieuses à l'intérieur de la Capitainerie de Porto-Seguro, sur les confins de la Capitainerie d'Espirito-Santo. Ce territoire, habité par des peuplades paisibles et s'adonnant à l'agriculture, était souvent envahi par

(1) *Sertões*, régions montagneuses, couvertes d'épaisses forêts et inhabitées.

des troupes d'aventuriers venus du Sud ; ceux-ci, désignés sous le nom de Paulistes, du nom du village de S. Paulo, qu'ils avaient fondé dans la Capitainerie de S. Vicente, parcouraient les sertões à la recherche des Indiens, dont ils s'emparaient pour les emmener comme esclaves. C'est dans ces chasses à l'homme qu'ils avaient pu atteindre les bords du Rio Doce et recueillir quelques indices sur les minéraux de la contrée.

A cette nouvelle, plusieurs bandes d'explorateurs se formèrent pour aller à la recherche des gisements de l'intérieur ; mais les nombreux obstacles à vaincre ralentirent bientôt leur zèle, et ce n'est qu'en 1693 qu'un Pauliste, naturel de Taubaté, Antonio Rodriguez Arzão, apporta les preuves de l'existence de l'or. Il était parvenu, avec une bande de 50 hommes, à travers les sertões du Rio Doce, jusqu'au district de Caethé (forêt épaisse), et là, guidé par une Indienne, il avait pu recueillir quelques pépites d'or, environ 3 *oitavas* (1), qu'il s'en fut offrir à la Camara (Chambre municipale) de Espirito-Santo où il arriva en descendant le Rio Doce ; celle-ci en fit frapper deux médailles, dont l'une fut déposée aux Archives et l'autre remise à Arzão. Il revint ensuite à Taubaté, pour entreprendre une nouvelle expédition, mais il mourut des suites de ses fatigues sans avoir pu mettre son projet à exécution, laissant le journal de ses investigations à son beau-frère Bartholomeu Bueno. Celui-ci, ruiné par le jeu et avide de reconquérir la fortune, parvint à décider plusieurs de ses parents et amis à l'accompagner dans une expédition à l'intérieur : ils partirent de S. Paulo au commencement de 1694, et guidés par l'itinéraire d'Arzão, ils se dirigèrent à travers les épaisses forêts des sertões, en se réglant sur les pics élevés de quelques serras, qui leur servaient de phares dans cette immensité déserte ; ils atteignirent ainsi la Serra d'Itaverava, à 8 lieues de l'endroit où devait s'élever plus tard Ouro Preto.

Malgré leur manque d'expérience et l'insuffisance de leurs moyens, ils parvinrent à retirer un peu d'or. Comme ils ne possédaient pas d'outils en fer, ils en étaient réduits à creuser la terre, en se servant de pieux effilés pour découvrir les sables aurifères, et à en faire la concentration dans ces écuelles de bois

(1) Une *oitava* équivaut à 3 gr. 586.

M

ET SES C

COLO

Villes où

Li

Fig. 2. — Minas Geraes et ses centres d'exploitation aurifères au temps des colonies portugaises.

ou d'étain que portaient toujours sur eux les voyageurs ; aussi n'extrayaient-ils qu'une faible partie de l'or contenu. Ils arrivèrent cependant à recueillir une certaine quantité du précieux métal, 12 oitavas environ, qu'ils échangèrent contre une carabine à un des compagnons du colonel Salvador Fernandes Furtado, chef d'une bande qui poussait ses recherches au pied de l'Itacolumy, sur les bords d'un affluent de la rivière du Carmo. Cet individu, une fois en possession de cet or, quitta ses compagnons pour retourner à S. Paulo, mais à Taubaté il conta sa bonne fortune à un de ses amis, qui ne trouva rien de mieux que de le dépouiller et de s'enfuir à Rio de Janeiro, où le Gouverneur, pour le récompenser d'une découverte qu'il n'avait pas faite, le nomma *capitão-mór* (capitaine-major) de la ville de Taubaté.

Ces faits suffirent pour exciter l'esprit aventurier des Paulistes ; l'ardeur qu'ils déployaient pour la capture des Indiens, ils l'employèrent à la recherche de l'or, dont l'existence était définitivement reconnue. Il s'établit dès lors un courant d'émigration vers les sertões, et les découvertes des régions aurifères devinrent chaque jour plus nombreuses.

Les Paulistes Antonio Dias, Thomas Lopes de Camargos, Francisco Bueno da Silva et le Padre João de Faria Fialho, furent les premiers qui découvrirent l'or dans le district d'Ouro Preto en 1699, 1700 et 1701, et c'est à cause de la couleur sombre du métal qu'ils retirèrent, qu'ils donnèrent à la serra qui le renfermait le nom de Serra d'Ouro Preto (1). La richesse des mines y attira un grand nombre d'aventuriers, et leur nombre augmentant chaque jour, une ville s'éleva au pied de la Serra dont elle prit le nom : Ouro Preto devint rapidement le centre d'un vaste territoire, que l'on désigna sous le nom de Minas Geraes, et dont les habitants furent appelés les Mineiros (mineurs), et, pour perpétuer le souvenir de sa création, on donna à des quartiers de la ville le nom de quelques-uns des premiers explorateurs.

Ce territoire des mines fut d'abord placé sous la dépendance de la Capitainerie générale de Rio de Janeiro, puis, en raison de son importance croissante, réuni au territoire de

(1) *Ouro*, or ; *preto*, noir.

S. Paulo, pour former la Capitainerie générale de S. Paulo et Minas, avec la ville de S. Paulo comme capitale (*Carta regia* du 23 novembre 1709), et le premier Gouverneur de la nouvelle Capitainerie générale, lors de sa venue aux Mines pour installer un régime régulier et réglementer les impôts, confirma le rang de ville à Ouro Preto, sous le nom de VILLA RICA DE OURO PRETO (ville riche d'or noir), le 8 juillet 1711.

Comme le nombre de la population sur le nouveau territoire allait constamment en augmentant, et afin de réprimer d'une manière plus efficace tout mouvement de rébellion des mineurs sur lesquels pesait le lourd impôt du *quinto*, le Gouvernement de la métropole éleva, par Provision du 2 décembre 1720, la Capitainerie subalterne de Minas Geraes à l'état de Capitainerie générale, indépendante de S. Paulo, avec Villa Rica comme capitale. Cette ville passa au rang de cité et reprit son ancien nom d'Ouro Preto, lors de l'indépendance du Brésil, en 1822, en devenant la capitale de la province de Minas Geraes, sous le nom de IMPERIAL CIDADE DE OURO PRETO.

« La position de la capitale des Mines a été entièrement décidée par la richesse des terrains sur lesquels elle s'est élevée, car sous tous les autres rapports, il n'eût pas été possible de faire un plus mauvais choix. De toutes parts, elle est entourée de hautes montagnes, au milieu desquelles se distingue de loin l'Itacolumy, avec son sommet recourbé en forme de corne émoussée (1) (fig. 1).» Partout, dans la ville même, on rencontre de nombreux vestiges des anciens travaux : montagnes bouleversées, dont les flancs déchirés témoignent encore aujourd'hui des attaques de l'homme ; réservoirs immenses avec leurs murs de forte épaisseur, faits de gros blocs de pierres, cimentés simplement de terre délayée durcie par le temps et dont le pic aurait difficilement raison, vastes réceptacles où les eaux aurifères venaient déposer leurs boues précieuses, que le mineur reprenait pour en retirer le métal contenu. Et de tous les côtés sur les routes qui conduisent dans la campagne, ce ne sont que pans de murs noircis, ruines d'anciennes maisons, vieux restes témoins d'une grandeur passée, dont les fondations encore solides

(1) FRANCIS DE CASTELNAU. Expédition dans les parties centrales de l'Amérique du Sud. Paris, P. Bertrand édit., 1850. Tome I, page 220.

résistent aux violentes tempêtes qui s'abattent chaque année sur la contrée, et le plus souvent servent d'assises aux maisons nouvelles qui s'élèvent sur leur emplacement.

Pendant que se fondait Ouro Preto, d'autres bandes poursuivaient leurs recherches de divers côtés : c'est ainsi que la troupe dirigée par le colonel Salvador Fernandes Furtado était parvenue, en exploitant un affluent de la rivièro du Carmo, à atteindre la rivière elle-même. Bientôt l'affluence des explorateurs dans ces parages amena la formation d'un centre populeux assez important pour jeter les premiers fondements d'une ville qui reçut, en 1711, le nom de VILLA DO CARMO, et qui, par *Carta Regia* du 23 avril 1745, fut érigée en cité, avec le nom de MARIANNA, en l'honneur de la reine D. Marianna d'Autriche, épouse de D. João V, lors de la création d'un évêché à Minas.

Pendant longtemps, les mineurs du Carmo ignorèrent le voisinage d'Ouro Preto, qui est à peine distante de 12 kilomètres : ils contournaient le massif de l'Itacolumy, pour y venir, car il n'existait pas de chemin à travers les épaisses forêts et les roches escarpées au milieu desquelles coule la rivière qui passe à Ouro Preto avant d'atteindre la Villa do Carmo, où elle prenait le nom de rivière du Carmo. Cependant, ils arrivèrent à soupçonner l'existence des travaux dans le voisinage, à l'aspect des eaux troublées par le lavage de l'or, et parvinrent à s'ouvrir un chemin à travers ces régions presque impénétrables en se guidant sur les eaux boueuses de la rivière. Ce fut pendant longtemps le seul chemin qui existât entre les deux villes.

La fièvre de l'or envahissant de plus en plus les esprits, on vit accourir aux mines des aventuriers des Capitaineries de Rio de Janeiro, Espirito-Santo, Porto-Seguro, Bahia, Sergipe et Pernambuco : de là de nombreuses luttes et des conflits successifs suscités par la concurrence, mais l'obligation de se répandre un peu partout amena la découverte de nouvelles régions aurifères.

C'est à ses gisements d'or que le fertile territoire de Sabará dut d'être exploré et de voir arriver une agglomération de gens telle qu'il se forma rapidement une ville qui reçut le nom de VILLA DE SABARÁ, le 17 juin 1711.

A quelques lieues de là, les riches régions de Caethé attirèrent les aventuriers, et bientôt s'éleva un village, qui fut créé ville le 29 janvier 1714, sous le nom de VILLA NOVA DA RAINHA.

En 1720, les frères Ilbernaz arrivèrent au pied d'un pic élevé, où ils découvrirent des gisements aurifères ; ils lui donnèrent le nom d'Itabira (*ita*, pierre ; *bira*, brillante). Bientôt des explorateurs se groupèrent autour d'eux, et l'endroit prit le nom d'Itabira de Matto-Dentro.

A Santa Barbara, on trouvait l'or dans les sables de la rivière. A Cattas Altas, on le trouvait disséminé dans le *jacutinga* (1). Inficionado (infecté) tira son nom d'un canal profond où l'or existait en abondance. Camargos fut ainsi nommé à cause de Thomas Lopes de Camargos, un des premiers explorateurs des gisements aurifères d'Ouro Preto, qui vint s'établir ensuite en cet endroit.

Partout on avait des preuves de l'existence de l'or, et là où, au commencement du siècle, il n'existait que des forêts impénétrables, on retrouvait dix ans plus tard des villes populeuses.

Cependant, comme l'antagonisme augmentait constamment entre les premiers occupants et leurs nouveaux concurrents, le gouverneur de la Capitainerie, Antonio de Albuquerque, s'était rendu aux mines, au commencement de 1711, afin d'y rétablir l'ordre et d'y installer un régime régulier par la formation d'un code des lois relatives aux mines ; malheureusement, l'établissement de l'impôt du quinto sur l'or et, bientôt après, la création de quatre maisons de fonte, à Villa Rica, Sabará, S. João d'El-Rey et Villa do Principe, envenimèrent encore plus les esprits et de nombreuses révoltes éclatèrent.

Chaque mineur était obligé de remettre aux officiers royaux les pépites et la poudre d'or qu'il recueillait ; ceux-ci en prélevaient la cinquième partie (*quinto*), et le reste était purifié et fondu en barres, aux frais du Gouvernement ; ces barres étaient essayées et marquées suivant leur titre et leur valeur, puis remises à leur propriétaire avec un permis de circulation.

Cet impôt sur l'or était tellement onéreux, que les mineurs

(1) Couches friables de sable brillant composé de quartz à grains fins et de fer spéculaire.

employèrent tous les moyens pour s'y soustraire. La fraude prit des proportions considérables; malgré les ordres les plus sévères, on faisait passer fortuitement à Rio de Janeiro une grande quantité de l'or à l'état de poudre brute. Pour y mettre un frein, le nouveau gouverneur fit placer des barrières sur les points principaux des chemins connus : là, les personnes venant du district des mines étaient soumises à un examen scrupuleux; on notait sur un registre le certificat dont chacun devait être muni et sur lequel était désigné ce que l'on emportait et le lieu où l'on se rendait. En outre, des patrouilles, circulant sur tous les chemins de l'intérieur, confisquaient, au profit de la couronne, tout l'or exporté en contrebande.

Malgré tout, les fraudes continuèrent et, pour y remédier, on modifia la forme de l'impôt; on l'appliqua successivement par *fintas*, contributions annuelles fixées entre le gouverneur et la camara, par *batea*, batée admise à travailler, ou par *capitação*, nombre de têtes de travailleurs employés à la mine. Les ordres que les gouverneurs recevaient de la métropole se rapportaient pour la plupart aux diverses manières de recouvrer l'impôt sur l'or pour la couronne et aux mesures à prendre pour résister aux mutineries des mineurs. C'est ainsi que, pour établir le système de la capitação, le gouverneur, Martinho de Mendonça reçut une *Carta Regia* du 30 octobre 1733, ordonnant en substance de s'informer du nombre d'esclaves qui travaillent aux mines, visiter les maisons de fonte, étudier le meilleur moyen de perception des quintos, examiner l'emplacement le plus convenable pour la résidence des gouverneurs «dont l'habitation, avec les apparences d'une maison, présente la sûreté et l'utilité d'une forteresse», voir s'il convient de réserver quelques terrains de mines, recueillir toutes les informations géographiques possibles, faisant prendre possession, sous prétexte de défrichements, des terrains pouvant convenir à la couronne.

On avait beau changer le système d'impôt, il n'en restait pas moins aussi onéreux pour les malheureux mineurs; souvent, il leur arrivait d'avoir à le payer au moment où ils se trouvaient réduits à la plus grande misère, après avoir entrepris de coûteux travaux de recherches et que, complètement déçus dans leurs plans, ils n'avaient pas rencontré l'or ou ne pouvaient l'extraire à cause des difficultés dues aux terrains ébouleux ou aux infiltrations continuelles des eaux inondant la mine.

Les premiers explorateurs avaient recherché de préférence l'exploitation du lit des rivières, comme étant plus facile et donnant souvent de beaux résultats; mais celles-ci furent bien vite épuisées, en raison de l'affluence des gens qui s'adonnèrent au travail des mines. On dut alors se rejeter sur les montagnes dont les gîtes avaient été primitivement abandonnés, à cause des plus grandes difficultés que l'on rencontrait pour les attaquer.

Afin de faciliter les recherches, on mit le feu à d'immenses étendues de forêts, et bientôt les montagnes présentèrent un aspect dénudé et tout à fait désolé. Comme ces mineurs ne pouvaient se décider à s'aventurer dans les entrailles de la terre, en faisant des travaux de mine, et à abandonner la clarté du jour, ils imaginèrent d'appliquer aux montagnes la méthode qu'ils suivaient pour les rivières, et employèrent ce pernicieux système qui consiste à exploiter une montagne à ciel ouvert. Pour atteindre la veine aurifère, ils enlevaient les monceaux de terre qui la recouvraient, entaillant les côtés en talus, afin de pouvoir atteindre le fond sans péril; à mesure qu'ils pénétraient plus en profondeur, ils étaient obligés d'élargir les bords de ces immenses excavations qui, souvent, à l'endroit du gîte, avaient quelques décimètres à peine; le vide augmentant, des éboulis se produisaient, consommant la ruine du mineur, en enfouissant en quelques heures le travail de longs mois. C'est ainsi que le gîte était perdu, après avoir été à peine égratigné à la surface (fig. 3).

Les mineurs, inhabiles à lutter contre les forces de la nature, complètement ignorants de l'art d'exploiter les mines, abreuvés de vexations et d'impôts, finirent par abandonner peu à peu leurs travaux. Les mines qui, au commencement du dernier siècle, étaient dans un état de plus en plus florissant, ne tardèrent pas à péricliter au point de tomber vers la fin en complète décadence. C'est ainsi qu'au temps où les mines étaient en pleine prospérité, vers l'année 1750 environ, le nombre des travailleurs qui étaient occupés au travail des mines s'élevait à plus de 80 000, tandis qu'en 1820 il y avait à peine 6.000 personnes employées à l'extraction de l'or. Alors que le quinto donnait 1.170 kilogr. d'or en 1750, il n'en donnait plus que 570 en 1799 et seulement 105 en 1819 (1).

Les mineurs, à la fin, dégoûtés des peines nombreuses qu'ils se donnaient pour recueillir un peu d'or, et comptant trouver dans la fertilité du sol plus de ressources pour subvenir à leurs besoins, lâchèrent pic et levier pour s'adonner à l'agriculture. Mais le feu mis inconsidérément de tous côtés, pour faciliter la découverte de l'or, et les nombreux mouvements dus au travail

Fig. 3. — Excavation faite par les anciens mineurs d'Ouro Preto pour l'exploitation à ciel ouvert d'un filon de quartz aurifère.

des mines avaient rendu le sol impropre à la culture; ils abandonnèrent peu à peu la région des mines pour chercher au loin des endroits plus fertiles. Le district minier se dépeupla de plus en plus : Ouro Preto,qui, au milieu du siècle passé, possédait plus de 80.000 habitants, en contient à peine 10 à 12.000 aujourd'hui.

(1) Von Eschwege, *Pluto Braziliensis*. Berlin, 1833.

« La stérilité des cimes de la Serra, les gorges et les excavations, un ciel presque toujours couvert, des maisons bâties au flanc des montagnes, sans aucun ordre, avec des jardins étroits, mal cultivés et séparés les uns des autres par des murs en ruines, tel est l'aspect peu enchanteur qu'offre la capitale de la province des Mines. Les maisons ainsi placées sur les montagnes sont échelonnées le long de rues mal chaussées et mal alignées, sans en excepter la plus commerciale et la plus longue, la rue Droite, qualification bien mal justifiée, et sont faites de terre ; le plus souvent, un simple rez-de-chaussée avec un jardin par derrière. Le palais du gouvernement se compose d'un édifice carré qui ressemble plus à une forteresse qu'à un palais, surtout quand on le regarde du haut d'un fortin un peu ruiné qui se trouve à cheval sur la ville. Une partie de l'édifice sert de logement aux autorités civiles et militaires de la province, le reste forme l'ancienne maison de fonte (1).»

Telle est la description que Millet de Saint-Adolphe faisait d'Ouro-Preto, au commencement de l'Empire, et l'aspect qu'elle présente de nos jours est bien peu différent. On voit que les instructions au gouverneur Martinho de Mendonça ont été exécutées, au moins en partie : encore aujourd'hui le Président habite l'ancien palais des Gouverneurs.

Ces richesses minérales, qui auraient pu être une source de prospérité pour ce vaste territoire de Minas-Geraes, ont été gaspillées avant complet épuisement par les anciens exploitants. Déjà, en 1799, José Vieira Couto s'en plaignait : « Ces mêmes montagnes que l'on dit exploitées et épuisées, ont été simplement grattées à la surface, et les veines métalliques sont pour la plupart intactes au centre. L'ignorance des mineurs et leur négligence à s'instruire avec le temps dans leur profession sont la cause unique et aussi suffisante de la décadence actuelle des mines (2).»

Cependant, la faute n'en est pas aux seuls mineurs : le gouvernement de la métropole a été aussi responsable d'un tel état

(1) J.-C.-R. Milliet de Saint-Adolphe. *Diccionario Geographico do Imperio do Brazil* (traduction du Dr. Caetano Lopes de Moura). 1845.

(2) José Vieira Couto. *Memoria sobre a capitania de Minas Geraes. (Revista do Instituto,* 2e série, tome IV, 1848.)

de choses par son incurie à réglementer le travail des mines et à imprimer une bonne direction aux travaux, en envoyant des personnes habiles dans l'art des mines et capables de guider les mineurs ; il ne s'occupait d'eux que pour les pressurer, comme en font foi les diverses instructions adressées aux gouverneurs et le procès de la conspiration de Tiradentes en 1792.

Ce ne fut que lors de la venue de la famille royale au Brésil que l'on commença à s'émouvoir du sort des mineurs ; le ministre d'Etat, comte de Linharès, envoya à Minas, en 1811, un allemand, le baron d'Eschwège, pour y étudier la manière dont les mineurs pourraient rendre leurs mines plus productives et pour leur fournir des éclaircissements et des conseils. Malheureusement ceux-ci s'entêtèrent dans leurs anciens errements et se refusèrent à établir quelques appareils destinés à faciliter le traitement des minerais. Cependant, espérant par son exemple amener les mineurs à comprendre mieux leurs intérêts, il obtint, par décret, en 1817, l'autorisation de former une Compagnie de mines, et, pour cela, acheta la mine de Passagem, située près du village du même nom, à six kilomètres de Villa Rica. Il installa un atelier de 9 bocards, et commença à percer une profonde galerie destinée à l'épuisement des eaux qui inondaient la mine, et dont il existe encore des vestiges aujourd'hui. Les événements politiques qui surgirent en 1820 l'obligèrent à quitter le Brésil et l'empêchèrent d'assister au succès de son entreprise, qui donna par la suite de bons résultats, grâce à une sage administration.

Les efforts d'Eschwège n'ont pas été entièrement perdus ; en formant une Compagnie, il a ouvert une ère nouvelle pour l'exploitation des mines d'or au Brésil. Il est vrai que le nombre des Compagnies existant actuellement dans l'Etat de Minas-Geraes est bien restreint, quand on le compare à la quantité de mines exploitées au siècle passé ; il n'y a, en effet, que neuf compagnies de mines d'or en exploitation, en partie étrangères :

Saint-John d'El-Rey Mining Company (Mines de Morro-Velho et Cuiabá.)

Santa-Barbara Gold Mining Company (Mine de Pari).

Don Pedro Gold Mining Company (Mine de Maquiné).

Ouro Preto Gold Mines of Brazil (Mines de Passagem et Raposos)

Société des Mines d'or de Faria (Mine de Faria).

Companhia das Minas de Ouro-Falla (alluvions du Rio Sapucahy).

Empresa de Mineração do Caethé (Mine de Carrapato).

Companhia Aurifera de Minas Geraes (Mine de D. Florisbella).

Companhia Brasileira de Salitraes, Terras e Construcções (Mine de Vasado).

auxquelles il faut joindre diverses petites associations particulières, formées généralement dans le but de mettre un gîte en valeur.

La formation d'une Compagnie de mines au Brésil ne s'effectue qu'avec une grande lenteur et après avoir surmonté de nombreuses difficultés. Les capitaux y sont difficiles à trouver, c'est l'étranger qui en fournit la plus grande partie. En outre, les propriétaires d'une mine ne se décident à la vendre qu'après de longs et nombreux pourparlers. Il arrive souvent que, n'ayant aucune idée de la valeur du gîte qu'ils possèdent et persuadés qu'il renferme un trésor, ils affichent des prétentions qu'une Compagnie ne peut accepter sous peine de se suicider, et, plutôt que d'entrer à combinaison, ils préfèrent continuer à gratter superficiellement leur mine et à détériorer ainsi une valeur dont ils ne tirent eux-mêmes aucun profit, dans l'impossibilité où ils se trouvent de se procurer les moyens propres à la faire fructifier.

Les mines d'or ont donc passé par deux phases, qui formeront les deux grandes divisions de cette étude. A la première, correspondent les *exploitations anciennes* faites par les mineurs eux-mêmes, qui y employaient les nombreux esclaves qu'ils possédaient ; ce qui explique qu'avec leurs moyens rudimentaires, ils aient pu exécuter ces gigantesques travaux dont on retrouve encore de nombreuses traces. A la seconde, correspondent les *exploitations modernes* par les Compagnies de mines, avec un personnel restreint et un outillage mieux approprié.

PREMIÈRE PARTIE

Exploitations anciennes

CHAPITRE II

MÉTHODES D'EXPLOITATION

---

§ 2.— Gisements de l'or

Les mines d'or, à Minas Geraes, sont concentrées en grande partie sur les flancs de la Serra do Espinhaço. Cette grande chaîne de montagnes, qui forme le massif central de l'Etat, a une direction N.-S., suivant une ligne sensiblement méridienne passant par Rio de Janeiro, Ouro Preto et Diamantina, et sépare les eaux du bassin du Rio Doce à l'Est, de celui du Rio S. Francisco à l'Ouest.

C'est dans la partie de ce massif qui a reçu le nom de Serra de Ouro Preto, que l'on rencontre les nombreux vestiges des anciennes exploitations.

Quand on examine la constitution géologique de la contrée (1), il semble que l'on peut distinguer dans l'ordre de superposition des terrains trois grandes périodes distinctes :

I. Gneiss.— Micaschistes.
II. Schistes micacés. — Quartzites schisteuses. — Schistes argileux.— Itabirites.
III. Quartzites compactes.— Grès.

Les roches les plus anciennes, comprises dans les deux premières périodes, présentent des caractères de stratification qui tendent à disparaître dans celles de la troisième période. Elles paraissent analogues aux roches que l'on a coutume de classer dans les terrains primitifs : celles de la première période correspondraient au terrain Laurentien, celles de la seconde au terrain Huronien.

Les roches de la première période offrant peu d'intérêt au point de vue qui nous occupe, nous ne nous y arrêterons pas. Au contraire, celles de la seconde période sont, pour nous, particulièrement intéressantes. Les schistes micacés qui en occupent la base sont généralement gris foncés, presque noirs, onctueux au toucher, et se présentent sous deux aspects un peu différents : à la partie inférieure, ils sont plus tendres, légèrement graphiteux, noircissant les doigts ; à la partie supérieure, plus durs et compacts, ressemblant quelquefois à des ardoises. Entre les deux, viennent parfois s'intercaler les quartzites schisteuses ; celles-ci sont généralement dures et résistantes, susceptibles de se séparer en feuillets, que l'on utilise comme dalles dans le pays, sous le nom de *pedra de lages* (pierre à dalles).

Les schistes argileux, qui, avec les itabirites, occupent l'étage supérieur des terrains franchement schisteux, proviennent de la décomposition plus ou moins avancée des schistes micacés. On les trouve sous des épaisseurs énormes, et les tranchées que l'on rencontre à chaque pas sur les routes offrent aux

(1) Voir : *Estudo chimico e geologico das rochas do centro da Provincia de Minas Geraes*, por H. Gorceix. *Annaes da Escola de Minas de Ouro Preto*, n. 1 e n. 2.— *L'Industrie minérale dans la Province de Minas-Geraes*, par A. de Bovet. *Annales des Mines*, 8e série, tome III.— *Report of the mines of Passagem, Raposos and Espirito Santo*, by A. Mezger.

regards une série de couches régulièrement stratifiées d'une variété de couleurs remarquable, allant du gris blanc au noir en passant par le jaune et le rouge. Dans les parties hautes, la décomposition des schistes est plus avancée, les caractères de schistosité disparaissent, la consistance diminue et l'on a la transformation complète en argile ordinairement rouge.

Les itabirites sont un mélange schisteux de quartz à grains fins et de fer spéculaire. On les rencontre en couches friables de sables brillants, que l'on désigne vulgairement sous le nom de *jacutinga* (1), ou à l'état de masse compacte contenant peu de quartz et formée d'oligiste presque pur, qui a reçu le nom de *pedra de ferro* (pierre de fer). Ils fournissent un excellent minerai pour la fabrication du fer. Ces couches présentent des affleurements considérables, d'une épaisseur atteignant souvent plus de 100 mètres sur une étendue de plusieurs kilomètres, qui sont presque toujours recouverts d'une croûte dure, d'un conglomérat de teinte rouge foncé, formé de rognons de quartz ou d'hématite liés par un ciment argilo-ferrugineux. Cette roche, que l'on trouve en masses souvent caverneuses, sous une épaisseur de quelques mètres à peine, était appelée par les anciens mineurs *tapanhua canga* (tête de nègre) et plus simplement aujourd'hui *canga*. Les itabirites apparaissent quelquefois par couches intercalées dans les schistes argileux.

Les roches de la troisième période, qui forment le niveau supérieur des terrains éruptifs de la région, sont des quartzites de plusieurs variétés, généralement compactes. Parfois le quartz y est à l'état de sable que l'on peut écraser avec les doigts ; on a alors une roche qui passe à l'état de grès.

Les gisements de l'or sont de deux sortes : les filons et les dépôts d'alluvions.

Les filons contenant l'or répondent à deux types bien distincts d'aspect : les filons de quartz et de pyrites aurifères et les filons de quartz aurifère.

Les premiers, les filons de pyrites, sont formés d'une masse de quartz avec pyrites, ordinaire et arsénicale, en cristaux noyés dans la pâte ou en veines à grains serrés et fins, dans

(1) Du nom de l'oiseau, dont le plumage présente le même aspect ; *jacu-tinga*, sorte de pintade sauvage.

lesquels l'or se trouve disséminé assez régulièrement en une sorte de poussière ténue, excessivement difficile à séparer de la masse, même après l'avoir réduite à l'état de sable fin. A la pyrite arsénicale et à la pyrite ordinaire viennent se joindre accidentellement, suivant les gisements, d'autres minéraux tels que la calcite, la dolomie, la sidérose, le disthène, l'hornblende, le grenat, le mica, la tourmaline, l'albite, la pyrite magnétique, la pyrite de cuivre, la galène, la stibine. Avec l'or on recueille un peu d'argent et aussi, mais plus rarement, du bismuth métallique.

Les seconds, les filons de quartz, se composent de quartz généralement d'un blanc laiteux, où se trouvent disséminés de gros cristaux de pyrites, principalement de pyrite de fer et peu de pyrite arsénicale, avec des paillettes d'or irrégulièrement réparties dans la masse. Tandis que les filons de pyrites ont une richesse assez constante, quoique faible, les filons de quartz renferment l'or en proportion essentiellement variable, mais les grains moins fins sont en revanche plus faciles à séparer de la masse stérile.

Les filons de pyrites n'apparaissent que dans les étages inférieurs, principalement dans les schistes micacés inférieurs et dans les quartzites schisteuses ; au-dessus, on ne les rencontre plus, ce qui ferait supposer qu'ils sont antérieurs aux schistes micacés supérieurs et par suite aux schistes argileux et aux itabirites. Ces filons, tantôt recoupent nettement les terrains qu'ils traversent, tantôt suivent des lignes de stratification et forment ce qu'on appelle des filons-couches ; dans tous les cas, ils sont franchement séparés de la roche encaissante, généralement dure, et c'est à peine si l'on trouve un peu d'or dans la matière des salbandes.

Au contraire, on rencontre les filons de quartz aux divers niveaux de l'échelle des terrains jusque même dans les quartzites supérieures, ce qui permettrait de conclure à leur origine postérieure à celle des précédents, et l'on constate que, lorsqu'ils recoupent des terrains perméables, la roche se trouve imprégnée d'émanations filoniennes sur une étendue quelquefois considérable. C'est un fait que l'on vérifie, quand ces filons traversent les couches qui occupent les parties supérieures du massif central de Minas : schistes argileux, itabirites, quartzites.

Dans les schistes argileux, généralement rouges, la matière filonienne a pénétré dans les nombreuses fentes de la cassure, de manière à former le plus souvent une série de petits filons parallèles, séparés par des lits de schistes avec imprégnation d'or sur une certaine étendue.

Dans les couches d'itabirites friables, jacutingas, qui ont été traversées par des filons de quartz, il y a imprégnation de l'or à une distance telle qu'il semble former des gisements à première vue distincts des filons et qui pourtant y sont intimement liés : « Les environs d'Ouro Prelo présentent sous ce rapport des faits probants : une couche considérable de jacutinga y a été exploitée à ciel ouvert partout où elle était traversée par des filons de quartz ; les exploitations s'étendaient à 30, 40 ou 50 mètres à droite et à gauche du filon, où elles ont eu pour résultat la disparition complète de la couche de jacutinga ; au contraire, les parties qui étaient entre deux filons loin de l'un et de l'autre ont été laissées intactes, de telle sorte qu'aujourd'hui tout le long du chemin d'Ouro Preto à Marianna (12 kilomètres), sur la rive gauche du Rio do Carmo, le terrain présente une série de tranchées parallèles entre elles, toutes montrant au fond quelques filons de quartz, séparées par des masses intactes de jacutinga.» (1) L'or se trouve dans ces couches en grosses paillettes irrégulièrement disséminées dans la masse de quartz et de fer oligiste ; en raison de la friabilité de la matière, la séparation en est facile.

Dans les quartzites, roches dures, mais présentant des plans de clivage, il y a eu seulement une faible pénétration dans les lits de fracture voisins du filon.

Ainsi les filons de pyrites et les filons de quartz diffèrent sensiblement entre eux par l'époque de leur origine, par leur composition, par l'état de l'or recueilli. Aussi verrons-nous que les anciens ne se sont que très rarement attaqués, au moins à notre connaissance, aux filons de pyrites, dont ils avaient peine à retirer l'or avec les moyens rudimentaires qu'ils employaient ; tandis qu'ils ont souvent exploité les jacutingas aurifères et les schistes argileux au contact des filons de quartz, rarement le

(1) A. DE BOVET. *L'industrie minérale dans la province de Minas Geraes.* (*Annales des Mines*, 8e III. 1883.

filon lui-même, surtout dans les quartzites : la roche, par suite de sa dureté, exigeant trop de temps et de travail de leur part pour être réduite en poussière.

Les dépôts d'alluvions se sont formés dans les vallées ou dans les lits des rivières ; les pierres et l'or arrachés des flancs des montagnes par les eaux se sont ainsi accumulés dans les fonds, formant un lit de cailloux roulés, de sable et d'or, désigné dans le pays sous le nom de *cascalho*, dont l'enrichissement s'est produit par une sorte de préparation mécanique naturelle. Les cours d'eau, en tombant dans des gouffres, y creusaient peu à peu des trous présentant l'aspect d'énormes chaudières, à forme cylindrique, dont le fond en demi-sphère et les parois étaient rendus lisses et polis par la rotation de l'eau entraînant avec elle des cailloux et des fragments de roches ; ces cavités, auxquelles on donnait le nom de *calderões* (chaudières), se remplirent avec le temps de matières plus lourdes et formèrent ainsi des dépôts de cascalho aurifère de richesse souvent considérable. Dans les parties où le courant était plus rapide, les eaux, en affouillant le fond, y creusèrent des espèces de couloirs, appelés *itaipavas*, où le cascalho riche put s'accumuler.

Ce sont ces dépôts qui formèrent d'abord le but des recherches des mineurs : leur plus grande facilité de traitement, leur richesse extraordinaire devaient tenter les premiers chercheurs d'or, qui, n'ayant aucune notion du travail des mines et enfiévrés du désir de s'enrichir le plus rapidement possible, portèrent tous leurs efforts sur la découverte de ces dépôts, de préférence aux filons qui nécessitaient des travaux plus pénibles et plus difficiles pour l'extraction de l'or. Ces dépôts s'épuisèrent rapidement, tant à cause du nombre des mineurs qui augmentait chaque jour que par suite de leurs manières désastreuses d'exploiter au hasard et sans aucun ordre, laissant entraîner par les eaux du rio les débris stériles de leurs exploitations, qui allaient se déposer en aval sur le fond vierge, rendu ainsi inexploitable.

Après avoir manié et remanié nombre de fois les terrains d'alluvions, les mineurs, fatigués de ne plus rien trouver, durent alors se rejeter sur les montagnes et chercher à arracher, au prix de nombreuses peines et de travaux considérables, l'or qu'elles renfermaient dans leur sein.

C'est ainsi que les anciens mineurs ont été amenés à extraire successivement l'or des alluvions et des filons. Pour connaître leur manière d'exploiter, il nous faut examiner séparément les méthodes qu'ils employèrent, leur *serviço*, comme ils disaient, suivant qu'ils traitaient les dépôts d'alluvions ou les roches traversées par les filons.

---

§ 3.— Méthodes d'exploitation des dépôts d'alluvions

Les anciens mineurs distinguaient trois catégories de dépôts d'alluvions aurifères (1) :

Les *veios*, alluvions formant le lit proprement dit des rivières ;

Les *taboleiros*, dépôts occupant les bords des rivières, à un niveau légèrement supérieur à celui des dépôts précédents;

Les *grupiaras*, dépôts plus élevés, souvent accolés aux flancs des montagnes, provenant généralement d'anciens lits que les cours d'eau ont abandonnés par suite de nombreuses révolutions du globe ou en se creusant peu à peu un nouveau lit situé souvent bien au-dessous de l'ancien.

Dans tous ces dépôts, ce qu'ils recherchaient, c'était le *cascalho*, formé de cailloux ronds et lisses dans les *veios* et *taboleiros*, et plutôt anguleux et âpres dans les *grupiaras* pour avoir été moins roulés par les eaux.

Ils avaient constaté que le dépôt de *cascalho*, atteignant quelquefois plusieurs décimètres d'épaisseur. reposait généralement sur des roches dures en forme de dalles (certainement des quartzites) ou sur une couche d'argile schisteuse assez onctueuse, la *piçarra*, sur laquelle se trouvait en grande partie l'or en grains ou en paillettes, déposé mécaniquement. Une fois

---

(1) José Vieira Couto. *Memoria sobre a Capitania de Minas Geraes. (Revista do Instituto*, 2· série, tome IV, 1848)

cette dernière couche atteinte, ils ne poussaient pas plus loin leurs investigations : le *serviço* avait pris fin. Dans les rivières, le cascalho riche se trouvait tantôt à fleur du lit, tantôt recouvert d'une couche de graviers plus fins, mêlés de sable, le *cascalho bravo*. Dans les *taboleiros* et *grupiaras*, ils devaient, pour arriver au cascalho aurifère, creuser la terre ordinairement rouge qui se trouvait à la surface, sur une profondeur de 2 à 4 mètres et même plus ; ils rencontraient ensuite un lit de graviers, souvent agglutinés ensemble avec du sable ou quelquefois formant une masse compacte et très dure avec de l'hématite, la canga (1). Après avoir retiré les graviers où déjà l'or se rencontrait, apparaissait le cascalho, formé de cailloux plus gros.

Nous sommes donc amenés à étudier successivement les divers travaux exécutés pour extraire l'or des alluvions déposées dans les lits ou sur les bords des rivières, ou aux flancs des montagnes.

1°. TRAVAUX DANS LES LITS DES RIVIÈRES (*Serviço dos veios*). — Le cascalho aurifère se trouvant à découvert dans les rivières, c'est lui que les premiers explorateurs recherchèrent de préférence.

En raison de sa facilité de traitement, on s'explique la venue aussi rapide d'un grand nombre d'aventuriers, attirés à la fois vers l'exploitation des rios. Dans le principe, ces hommes, dépourvus de tous moyens, extrayaient l'or en entrant dans l'eau pour remuer avec des pieux effilés les sables, qu'ils recueillaient ensuite dans de petits vases, plats d'étain ou gamelles de bois, dans lesquels ils séparaient les grains d'or avec les doigts, rejetant ensuite le sable dans la rivière. Aux gamelles de bois ils substituèrent plus tard un vase en forme d'entonnoir ou de cône fortement évasé, la *batée* (fig. 4), probablement importée d'Afrique lors de l'introduction des nègres dans la colonie. Après avoir mis dans la batée une certaine quantité de cascalho riche et d'eau, lui imprimant un mouvement giratoire accompagné de légères saccades, ils arrivaient ainsi à rejeter peu à peu au dehors la terre et les graviers, tandis que l'or, plus pesant, se réunissait dans le fond.

(1) VICOMTE de PORTO SEGURO. *Historia Geral do Brazil.*

Ce mode d'exploiter le cascalho des rios s'est conservé jusqu'à nos jours par les orpailleurs, (*faiscadores*), qui, pendant la saison des pluies, s'en vont rechercher l'or apporté par les alluvions fraîchement déposées dans les cours d'eau, après les fortes crues. L'orpailleur a pour cela établi auparavant de chaque côté de la rivière, à l'aide de pieux et branchages, de petites digues transversales allant alternativement d'une rive vers le milieu de l'eau, de manière à rompre le courant et à obliger les matières entraînées à se déposer. Quand, après de fortes pluies, le dépôt a atteint une certaine épaisseur, armé d'une batée de 60 à 75 centimètres de diamètre, il entre dans l'eau souvent jusqu'aux

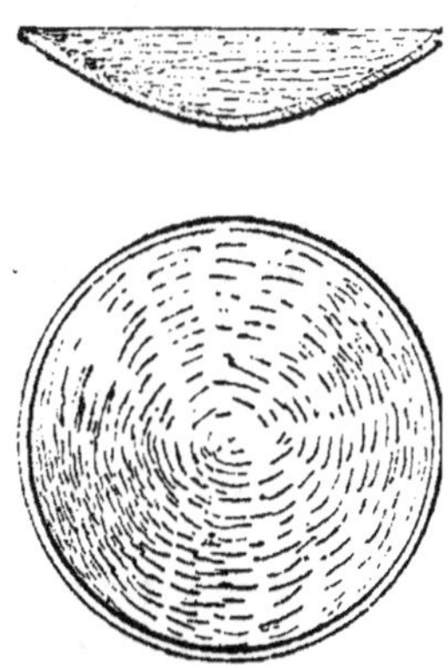

Fig. 4.—Coupe et plan d'une batée.

Fig. 5. — Orpailleur (*faiscador*) faisant apparaître l'or dans la batée.

genoux et enfonce sa batée dans le cascalho du rio, puis, la maintenant dans l'eau, il lui imprime quelques secousses de côté et d'autre, afin que la terre et les sables légers soient emportés par le courant, tandis que le cascalho et l'or, plus lourds, s'accumulent au fond. Relevant alors la batée, il fait la séparation de l'or en rejetant peu à peu les matières stériles par la rotation exactement de la même manière que les anciens laveurs (fig. 5). La poudre d'or est ensuite recueillie dans une bourse en cuir qu'ils portent à la ceinture. Ce sont ordinairement des nègres pauvres qui s'adonnent à ce travail, excessivement pénible à cause de la différence de température supportée par le corps, qui se trouve exposé, en haut aux rayons d'un soleil ardent, en bas au froid de l'eau courante : aussi ne peuvent-ils travailler que durant quelques heures ; ils se contentent, du reste, d'un faible gain, et, sitôt qu'ils ont amassé suffisamment pour vivre pendant une semaine, le reste du temps ils ne font rien.

Ce moyen primitif d'exploitation s'améliora peu à peu, d'autant plus que les laveurs d'or, qui, dans les premiers temps, s'attaquaient au cascalho riche le plus accessible, se trouvèrent bientôt en présence de cascalho situé à une plus grande profondeur sous l'eau ou recouvert d'une couche plus ou moins épaisse de cascalho stérile, déposée naturellement ou provenant des rejets de lavage.

C'est ainsi qu'ils furent amenés à employer des procédés moins simples que nous allons décrire successivement (1).

Méthode de déviation des cours d'eau par barrage et canal latéral.— Ce système consistait à détourner les eaux du lit du fleuve, en creusant un canal latéral sur une des rives et en établissant près de l'entrée un barrage fait de fascines recouvertes de terres et de pierres, de manière à diriger les eaux dans leur nouveau lit.

Les mineurs pouvaient alors commencer leurs travaux d'exploitation dans la partie du lit ainsi mise à découvert, mais comme les excavations produites se remplissaient rapidement d'eau filtrant du barrage et du canal, ils étaient obligés d'épuiser constamment. Dans les premiers temps, ils faisaient l'épuisement à bras avec des batées et des *carombés* (caisse en bois carrée, évasée par le haut) ; plus tard ils employèrent le chapelet à caisson incliné, mis en mouvement par des esclaves ou par une roue hydraulique. Ces machines incommodes ne pouvaient malheureusement convenir que pour des épuisements à petite profondeur et présentaient l'inconvénient d'exiger, pour leur déplacement, le concours d'un grand nombre de bras ; plus de 50 esclaves avaient souvent de la peine à mouvoir ces

(1) Von Eschwege. *Pluto Brasiliensis. Art und Weise des Betriebes der Gold-grabereien.* Berlin, 1833.

masses énormes, et cette manœuvre devait se répéter plusieurs fois dans une même exploitation. On juge des difficultés de l'épuisement dans de pareilles conditions, et des entraves apportées au travail.

En outre, pour l'extraction et le transport du cascalho hors du rio, point de machines ni de wagonnets : munis de l'*alavanca*, barre de fer servant de levier, de la *cavadeira*, sorte de ciseau en fer à bout plat et tranchant avec manche en bois

Fig. 6 Cavadeira

Fig. 7 Almocafre

Fig. 8.— Nègre porteur de cascalho, avec sa carombé.

(fig. 6), et de l'*almocafre*, pelle recourbée et pointue (fig. 7), les mineurs attaquent le cascalho, tandis que des esclaves, une carombé de petite capacité placée sur la tête, vont et viennent d'une allure lente et paresseuse, du matin au soir, pour porter ainsi chaque fois une faible charge aux dépôts de la rive (fig. 8). Et pourtant le temps presse. Tous ces travaux, il faut les exécuter pendant la saison sèche ; vienne une forte pluie, le rio va monter rapidement, le barrage sera emporté, noyant les travaux, et c'est à peine s'ils auront le temps de sauver leurs grosses machines d'épuisement : une crue du rio aura suffi pour détruire en quelques heures des ouvrages exécutés à grand prix, en plusieurs mois. Que de fois n'est-il pas arrivé que, s'étant attardés dans leurs travaux préparatoires de détournement du rio et d'épuisement, ils ont été surpris par les pluies avant d'avoir pu retirer une seule batée de cascalho riche. Et souvent, dans les derniers temps, ils éprouvaient une plus grande déception encore, quand, tombant sur une partie du rio déjà exploitée, ils n'y trouvaient plus que du cascalho pauvre.

Si les rives du rio étaient escarpées ou présentaient trop de difficultés pour que l'on pût creuser un canal sur un des côtés, ils établissaient une digue longitudinale qui partait d'un des bords jusque vers le milieu de la rivière, où elle suivait la

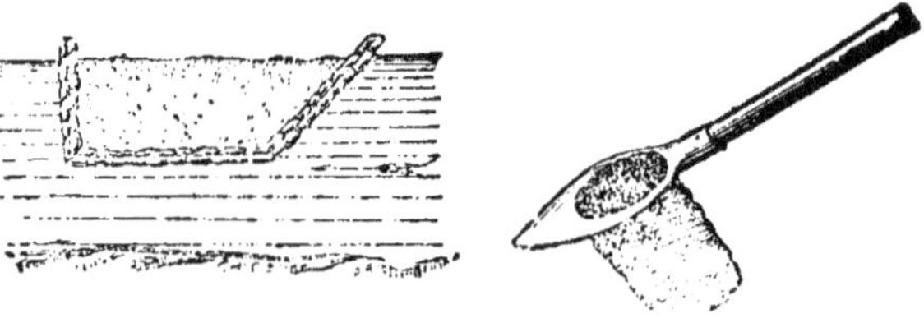

Fig. 9
Bâtardeau pour l'exploitation du lit des rivières.

Fig. 10
Outil pour la pêche du cascalho.

direction du courant sur une certaine longueur et revenait ensuite gagner la rive, de manière à former un bâtardeau enclavant ainsi une partie du lit sur la moitié de la largeur du rio (fig. 9). Cette digue, faite de fascines entremêlées de pierres et de terre, une fois terminée, l'enceinte était mise à sec à l'aide des chapelets hydrauliques, et le travail s'exécutait de la même manière que le précédent, rejetant dans la rivière le cascalho bravo qui pouvait recouvrir le cascalho riche, tandis que celui-ci était transporté aux dépôts. Ces parties du lit ainsi asséchées étaient ordinairement de faible étendue par suite du peu de temps dont on disposait avant les pluies, et à cause des plus grandes difficultés d'épuisement dues aux infiltrations à travers la digue, plus fortes que celles du canal.

Méthode de la pêche du cascalho.— Lorsque les rios étaient trop larges ou trop profonds pour qu'il leur fût possible d'établir un barrage ou une digue, les mineurs avaient alors recours à cette méthode très simple, mais aussi incertaine que celle des orpailleurs.

L'instrument employé pour la pêche est un sac passé dans un fort anneau de fer, qui se prolonge d'un côté en forme de pelle pointue et porte du côté opposé un œillet permettant d'y fixer une longue perche (fig. 10).

Les pêcheurs d'or, montés dans une barque, s'avancent sur le rio, et, lançant avec force leur outil, ils le font pénétrer dans le fond ; le sac se remplit de cascalho, et son contenu est ensuite versé dans la barque. Ils répètent cette même opération jusqu'à ce que la barque soit pleine ; puis ils vont déposer leur chargement aux dépôts de lavage, sur le bord de la rivière.

Ce mode d'exploiter aurait été, au dire de Von Eschwège, assez productif. Il cite même à ce propos la formation d'une Compagnie brésilienne, vers l'année 1817, pour pêcher l'or dans le Rio Parahybuna : elle aurait obtenu de bons résultats, mais une administration déplorable aurait obligé la Société à liquider et les associés auraient tout perdu.

Ces divers modes d'exploiter les rios ont dû être bien productifs pour ne pas rebuter les mineurs, malgré les difficultés sans nombre provenant tant des moyens primitifs dont ils disposaient que des obstacles que leur opposait la nature, au point qu'ils ne les abandonnèrent qu'après avoir manié et remanié leurs lits en tous sens et avoir perdu toute espérance d'y découvrir encore quelques vestiges du précieux métal.

2° Travaux sur les bords des rivières. — (*Serviço dos taboleir s*). — Les anciens mineurs donnaient, comme nous le savons, le nom de taboleiros aux dépôts d'alluvions occupant les bords des rivières à un niveau un peu supérieur à celui qui forme leur lit actuel.

Ces dépôts ayant la même origine que ceux des rivières, il était tout naturel que, lorsque ces derniers commencèrent à être épuisés, les mineurs fussent attirés vers eux et y recherchassent le métal qu'ils avaient tant de peine à recueillir ailleurs, d'autant plus que leur exploitation était relativement plus facile que celle des rivières, dont il fallait détourner le cours pour en extraire le cascalho : il suffisait, en effet, pour cela, de retirer le manteau de terre et la couche de graviers qui recouvraient le cascalho vierge formé de cailloux plus gros.

Méthode des Cattas.— La manière primitive de traiter ces couches d'alluvions étaient celle des cattas (1).

Une *catta* était un trou rond, que l'on creusait en lui donnant la forme d'un entonnoir, dont la surface présentait une pente suffisante pour éviter tout éboulement à l'intérieur, et dont l'ouverture allait en s'élargissant à mesure que l'on s'enfonçait plus profondément, afin de maintenir constamment la même inclinaison des talus.

Le mineur commençait d'abord par faire une petite catta, en enlevant la couche de terre et de graviers, de manière à mettre à découvert un point du dépôt de cascalho vierge, dont il prélevait une certaine quantité dans une carombé pour en faire l'essai à la batée. La petite pincée d'or qui restait au fond de la batée, après lavage, s'appelait *pinta*. Il jugeait de la valeur du cascalho d'après celle de l'essai : au-dessous de 5 réis, il la considérait comme pinta pauvre, au-dessus de 1 *vintem* (2) comme pinta riche.

Si, après plusieurs essais faits en prenant un peu de cascalho à diverses places, la batée ne donnait pas une pinta de quelque valeur, la catta était abandonnée, et l'on allait recommencer en un autre point ; si, au contraire, elle montrait une bonne pinta, on en poursuivait l'exploitation, principalement du côté qui promettait le plus (3).

Pour cela, les esclaves élargissaient le trou, afin d'embrasser la plus grande étendue du dépôt, et taillaient de nombreux sentiers sur les talus supérieurs pour la circulation des porteurs qui remontaient constamment, leur carombé chargée sur la tête. La terre recouvrant les alluvions était rejetée sur les

(1) VON ESCHWEGE. *Pluto Brasiliensis*.

(2) Un *vintem* représentait 37.5 réis : en effet, un vintem était 1/32 d'oitava (3 gr. 586) ou 0 gr. 112, et l'oitava valait 1200 réis d'or. Vulgairement, le poids d'un vintem d'or égalait celui d'un *feijão* (haricot noir).

(3) VICOMTE de PORTO SEGURO. *Historia geral do Brazil*.

bords de l'excavation, les graviers et le cascalho transportés aux bassins de dépôt; on continuait ainsi à s'enfoncer de plus en plus en creusant et en emportant les débris au dehors, jusqu'à ce qu'on eût atteint la piçarra ou la roche dure formant la base des dépôts d'alluvions.

On peut se faire une idée de l'importance des travaux et du volume de terres enlevées pour exhumer le cascalho, en sachant que nombre de ces excavations atteignaient 10 et même 15 mètres de profondeur. A Diamantina, où les couches d'alluvions avaient une épaisseur de 2 à 6 mètres, les cattas présentaient l'aspect de véritables cratères, à l'extérieur desquels on voyait s'agiter des centaines de nègres.

L'inconvénient grave de cette méthode était qu'on ne pouvait l'appliquer que pendant la saison sèche, car les pluies noyaient les travaux, et les éboulements qui s'ensuivaient fermaient le trou. Il fallait donc se hâter d'extraire le cascalho, avant l'approche de la mauvaise saison. Pendant la bonne, on n'en avait pas moins à lutter contre les eaux dues aux infiltrations : quand la quantité était faible, on l'épuisait avec des carombés que les nègres transportaient sur la tête, comme ils le faisaient pour la terre, moyen simple mais bien lent et incommode; lorsque l'eau était abondante, ils avaient recours à leurs chapelets hydrauliques, et, quand cette dernière ressource était insuffisante, impuissants dans la lutte, ils étaient obligés d'abandonner leurs travaux.

Méthode des canaux parallèles. — En présence des difficultés qu'ils rencontraient à chaque pas et qui renaissaient sans cesse dans ces travaux, ils imaginèrent de se faire un auxiliaire de l'eau au lieu de chercher à s'en débarrasser; mais, pour cela, il fallait que la rivière eût un cours assez rapide pour leur fournir le courant nécessaire. En ce cas, le procédé consistait à creuser un canal de 0m,25 de profondeur environ sur une largeur de 2 mètres, dans lequel ils faisaient courir l'eau de la rivière, recoupée par un barrage, en quantité et avec la vitesse convenable pour entraîner les sables et les cailloux continuellement remués par les esclaves. Ceux-ci, placés à intervalles de 3 à 4 pas dans l'eau, qui leur venait au-dessus de la cheville, remuaient constamment le fond avec l'almocafre, sur toute la largeur du canal, en remontant le courant. Ils enfonçaient leur outil dans le sable et le relevaient lentement sous l'eau, en lui imprimant de légères secousses, afin de faciliter la chute des parties les plus lourdes, parmi lesquelles se trouvait l'or, tandis que les débris plus legers étaient emportés par le courant; il leur fallait peur cela une certaine dextérité, pas de mouvements trop brusques, sous peine de laisser entrainer une partie de l'or.

Les cailloux un peu gros qui résistaient au courant, étaient recueillis à la main et rejetés hors du canal. Après une heure d'un semblable travail, on interrompait la venue d'eau, et la masse de sables lourds, qui formait une couche de plusieurs centimètres d'épaisseur sur le fond du canal, était recueillie et portée aux dépôts de lavage. Une fois la couche retirée, on lâchait l'eau de nouveau et l'on recommençait la même opération, que l'on répétait jusqu'à ce qu'on eût atteint la roche du fond. Lorsque le fond du canal avait été complètement retourné et épuisé du cascalho qu'il contenait, on en ouvrait à côté un autre que l'on travaillait exactement de la même manière, et le gisement n'était abandonné qu'après avoir été remué sur toute son extension.

C'est ainsi que furent exploités les *taboleiros* de Marianna, près d'Ouro Preto, où de nombreux canaux d'une profondeur de 2 à 4 mètres les faisaient ressembler de loin à un vaste champ recoupé de profonds sillons.

Cependant ces travaux se trouvaient le plus souvent interrompus pendant la saison des pluies : les eaux torrentielles emportaient tout, même le barrage, et les bords du canal s'éboulaient, recouvrant à nouveau le dépôt aurifère.

3° Travaux aux flancs des montagnes. (*Serviço das grupiaras.*— Les dépôts d'alluvions aurifères situés au-dessus des fonds des vallées et adossées aux flancs des montagnes, qui étaient désignés sous le nom de grupiaras, étaient traités autrement que les gisements précédents ; les mineurs utilisaient, en effet, la différence de niveau pour faire passer des courants d'eau sur toute la masse, qui était ainsi entraînée et recueillie au bas (1).

(1) Von Eschwege. *Pluto Brasiliensis.*

Ces dépôts, formés de sables et de cailloux plus ou moins roulés, avec une couche de terre par dessus, avaient une épaisseur variable pouvant atteindre de $1^m,50$ à $2^m,50$. Aussi, pour leur appliquer la méthode employée, véritable méthode hydraulique, il était nécessaire que ces mineurs eussent à leur disposition une grande quantité d'eau. Ils commençaient par établir, dans ce but, un long canal de niveau s'étendant dans les régions supérieures de la serra, de manière à amener les eaux au-dessus du gisement qu'ils se proposaient d'exploiter. Certains de ces canaux avaient plusieurs lieues de longueur, par suite de la nécessité d'aller capter au loin des eaux en quantité suffisante pour leurs travaux. A partir de l'extrémité de ce canal, qui débouchait directement sur le gisement, en son point culminant, les esclaves s'échelonnaient sur une ligne suivant la pente du terrain, et, munis de la cavadeira, l'enfonçaient verticalement en terre, puis, l'inclinant comme un levier, ils creusaient ainsi une rigole descendant à travers le dépôt aurifère, jusqu'au pied de la montagne ; on lâchait ensuite l'eau du canal, qui s'échappait en courant impétueux par le chemin qu'on lui avait tracé, délayant et emportant dans sa course les terres d'alluvions défoncées.

Un canal plus large, à faible pente, sorte de couloir présentant une succession de barrages et adossé au bas de la montagne, dans lequel les eaux de la rigole venaient se déverser, recevait les boues précieuses charriées par elles ; celles-ci s'y déposaient peu à peu, tandis que les eaux troubles s'écoulaient dans la vallée. A mesure que les terres étaient entraînées par le courant, les esclaves élargissaient la rigole en continuant de défoncer le terrain d'un côté, fournissant ainsi un nouvel aliment aux eaux qui étaient toujours dirigées vers la partie fraîchement remuée, de manière à laver successivement toute la surface des travaux. Une fois une première couche enlevée de cette manière on recommençait à creuser plus profondément le terrain aurifère pour prendre une nouvelle couche, et l'on répétait cette opération jusqu'à ce que l'on eût rencontré la roche vive.

On accumulait ainsi dans le couloir inférieur la terre qui recouvrait le gisement, aussi bien que les sables et les cascalhos pauvres et riches dont il était formé. Ce couloir, de 2 mètres de largeur environ, s'étendait sur une longueur dépendant de la place disponible, et était recoupé, à intervalles de 10 à 30 mètres, par de petits barrages formés de pieux retenant des broussailles et des pierres accumulées en avant. A mesure que les boues se déposaient, on élevait peu à peu la hauteur des barrages, jusqu'à ce que l'épaisseur des dépôts fût reconnue suffisante ; alors on interrompait le travail de défoncement pour faire une concentration des boues aurifères, analogue à celle pratiquée pour les taboleiros : les esclaves, s'échelonnant le long du couloir, dans le compartiment situé au-dessus du premier barrage, remuaient les dépôts avec l'almocafre sous un fort courant d'eau, de manière que les boues argileuses et les matières légères fussent entraînées, tandis que l'or s'enfonçait au milieu des matières lourdes. Pour faciliter le départ des parties légères ils abaissaient le niveau du barrage, en enlevant peu à peu les broussailles et les pierres qui le formaient, et ils continuaient ainsi la concentration jusqu'à atteindre le niveau du second compartiment, où ils recommençaient la même opération, qui était répétée successivement dans les divers compartiments jusqu'au dernier. Une fois la concentration achevée, l'écoulement de l'eau était arrêté, et l'on recueillait les sables aurifères dans les carombés pour les porter aux dépôts de lavage. Le couloir ainsi débarrassé, on recommençait à nouveau l'accumulation des boues, en continuant à défonçer le terrain et à le laver par les eaux, et l'on répétait ces diverses opérations jusqu'à ce que l'exploitation eût été épuisée de sa couche d'alluvions.

Quelquefois, à la suite du couloir, on ajoutait des tables à toiles pour retenir les parties plus lourdes des boues emportées par les eaux ; les matières ainsi retenues étaient aussi portées aux dépôts de lavage.

Quand ces mineurs n'avaient à leur disposition qu'une quantité d'eau insuffisante, le canal d'amenée venait déboucher dans un réservoir, où elle s'accumulait, pour n'être lâchée qu'à certains intervalles, afin de balayer d'un seul coup toute la terre défoncée.

Les eaux jouaient donc un rôle important dans cette manière d'exploiter les gisements des montagnes ; elles semblaient tellement nécessaires, que c'était passé en axiome, parmi ces anciens mineurs, que « sans eau de rien ne leur vaudrait une serra d'or (1).»

---

§ 4.— Méthodes d'exploitation des couches et filons aurifères

Nous avons vu que les anciens mineurs ne commencèrent à attaquer les roches aurifères que lorsque les dépôts d'alluvions devinrent de plus en plus pauvres. Habitués à leurs modes d'exploitation à ciel ouvert, ils n'imaginèrent rien de mieux que de les travailler de la même manière, sans s'occuper si d'autres méthodes seraient plus avantageuses ; ce n'est que dans les derniers temps, lorsqu'ils se trouvèrent en présence de gîtes pénétrant profondément dans les montagnes ou recouverts de couches épaisses de morts-terrains, qu'ils se décidèrent à faire quelques galeries de mine, du reste jamais bien profondes, se trouvant arrêtés, le plus souvent par le défaut de ventilation ou par des venues d'eau, qu'avec leurs moyens rudimentaires d'épuisement, ils ne parvenaient pas à maîtriser.

Comme pour les alluvions, on peut considérer trois catégories de travaux, suivant que le gîte se trouve dans la vallée, au flanc ou au sein des montagnes.

1° Travaux dans les vallées. — Lorsque le gîte existait dans une vallée, ils avaient recours à cette méthode des cattas qu'ils employaient pour les taboleiros : creusant peu à peu leurs immenses trous en entonnoir, ils atteignaient ainsi les parties riches des couches formées généralement d'argiles schisteuses, rouges ou brunes, imprégnées d'or. Ces terres étaient traitées exactement comme les sables d'alluvions : on les chargeait dans des carombés sur la tête des nègres, qui allaient les déverser aux bassins de dépôt, d'où on les reprenait pour les traiter.

---

(1) Vicomte de Porto Seguro. *Historia geral do Brasil.*

C'est par ce procédé que furent exploitées les couches de la vallée d'Antonio Pereira et le gisement de Catta-Preta, près d'Inficionado. Eschwège rapporte que la Lavra de Matta-Cavallos (tue-chevaux), à Antonio Pereira, a produit, en une heure de travail dans le gîte, une valeur de 36 000 *cruzados* d'or (1), mais la terre était tellement pourrie et les talus du trou établis avec si peu de prévoyance, que des éboulements eurent lieu immédiatement après, enterrant esclaves et *feitor* (surveillant) (2).

2° Travaux aux flancs des montagnes. — Les travaux s'appliquaient aux roches friables ou décomposées, traversées par des filons de quartz aurifère ; ces roches étaient des schistes argileux rouges et mous recoupés par de nombreuses veines de quartz généralement carié et contenant des paillettes d'or ou des itabirites à l'état de jacutinga, imprégnées suivant les strates de quartz aurifère à grains fins, et même le plus souvent de simples infiltrations d'or formant de véritables lignes. Quand le filon de quartz recoupait franchement ces terrains schisteux, l'exploitation s'étendait aux épontes sur une certaine longueur jusqu'à cessation des imprégnations filoniennes.

La méthode employée par ces mineurs était la même que celle appliquée aux grupiaras. Seulement, pour obtenir un effet plus intense de la chute de l'eau, ils l'accumulaient dans un réservoir supérieur, situé à l'extrémité du canal d'amenée, pour ne la lâcher qu'à certains moments de la journée, en la dirigeant à l'aide d'un fossé sur le point de l'exploitation qui venait d'être fraîchement remué par les nègres. C'est ainsi qu'ils opéraient dans les itabirites, dont la masse lourde offrait une certaine résistance à l'action de l'eau.

Quand on ouvrait la vanne du réservoir, les eaux se précipitaient avec violence sur le terrain, entraînant et charriant avec elles terres et pierres jusqu'à un canal inférieur remplaçant le couloir des grupiaras, où le tout venait s'engouffrer

(1) Un *cruzado* vaut 400 réis. Au change pair 1$000 réis équivaut à 2 fr. 83, 1 *conto de réis* (1:000$000) équivaut à 2830 francs. Par conséquent, 400 réis ou un cruzado équivalent à 1 fr. 15; 36 000 cruzados à 41 400 francs.

(2) Von Eschwege : *Pluto Braziliensis*. Arbeiten auf Lagern in Thälern.

pour se diriger vers de grands réservoirs en maçonnerie, appelés *mondéos*, qui étaient destinés à recueillir les boues aurifères.

Les travaux d'exploitation, étendus dans les parties hautes, allaient en se resserrant vers le bas pour aboutir au canal inférieur, où les eaux venaient se concentrer. La descente en était tellement impétueuse qu'au moment de l'ouverture de la vanne, on soufflait dans une trompe pour prévenir les nègres, occupés à travailler sur le passage du courant ou dans le canal, d'avoir à se retirer sous peine d'être écrasés par les eaux qui s'effondraient en tourbillons tumultueux, roulant des sables et des fragments de roches. Pour résister à ces nombreux chocs, ce canal devait être construit fort solidement : le plus souvent, il était percé dans la roche dure, sur une largeur de deux mètres, avec des parois taillées à pic, et suivant une profondeur variable selon sa position locale ; dans les terrains tendres, il était formé de deux murs épais d'au moins 0m,70, avec fond dallé pour éviter les affouillements.

Les mondéos, généralement adossés au flanc d'une montagne voisine de l'exploitation, étaient de grands réservoirs rectangulaires ou semi circulaires, mesurant intérieurement jusqu'à 16 et même 24 mètres sur les côtés; et de 3 à 6 mètres de profondeur, avec des murs de près de deux mètres d'épaisseur, en maçonnerie de blocs de pierre simplement cimentés d'un mélange d'argile et de sable (fig. 11). Ils étaient disposés par séries, les uns à côté des autres, et légèrement en contrebas, à cause du canal latéral qui amenait les eaux chargées de boues aurifères à chacun d'eux, par un déversoir placé en surplomb vers le milieu du mur du fond, un peu au-dessus du réservoir.

Le canal latéral. accosté à la montagne, s'embranchait avec le canal inférieur, dont une des parois était percée dans le fond, au point de jonction. Le canal inférieur, qui se prolongeait jusque dans la vallée, présentait, en aval de l'orifice d'entrée du canal latéral, un ressaut formé de poutres transversales et de gros blocs de pierre ; en amont, le niveau du fond du canal était relevé jusqu'au dessus de l'orifice, et l'espace vide était recouvert d'un grillage de fortes barres de fer transversales, de manière à former un fond en déversoir. Les pierres charriées par les eaux passaient par dessus et étaient emportées dans la vallée, tandis que les eaux boueuses s'engouffraient à travers

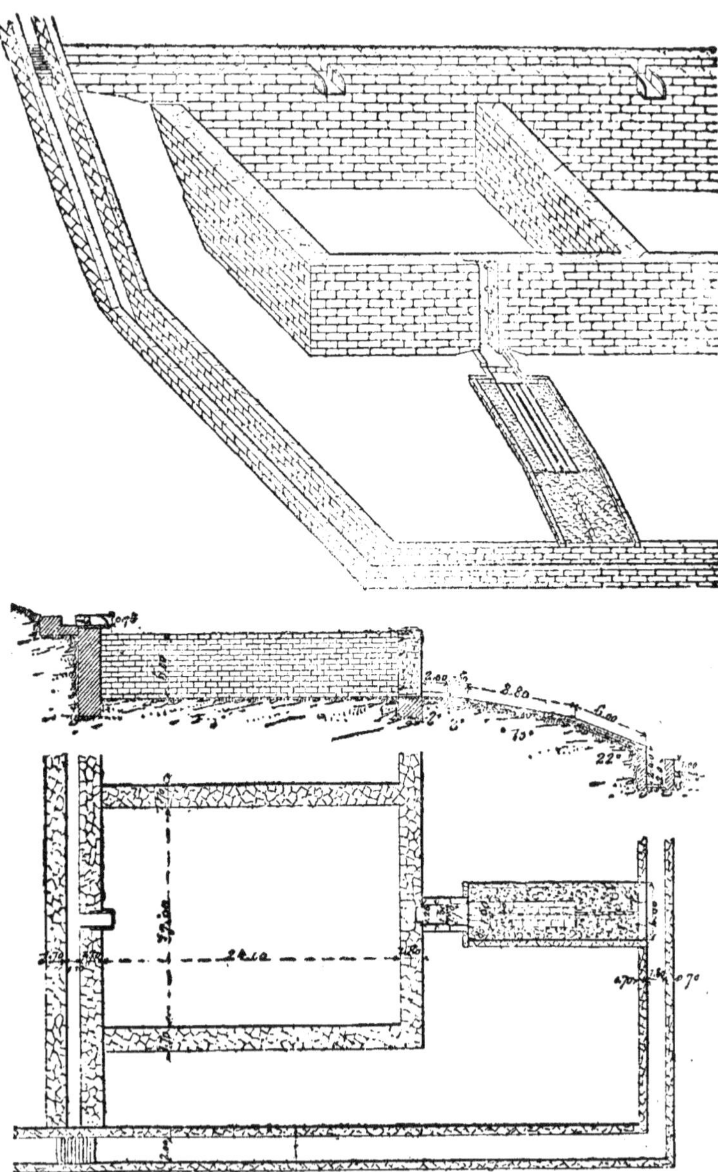

Fig. 11.— Perspective, coupe et plan d'un *mondéo*.

les grilles et allaient s'écouler dans les réservoirs par le canal latéral.

Au milieu du mur de face de chaque mondéo, il existait sur toute sa hauteur une fente verticale de $1^{m},50$ de large, contre laquelle on appliquait intérieurement des traverses en planches épaisses, placées les unes sur les autres, à mesure que le niveau du dépôt s'élevait dans chaque réservoir, de manière à laisser aux eaux le temps de se décanter avant de s'écouler par-dessus ce déversoir. Des pierres, en saillie dans la fente, disposées en chicane près du bord intérieur, servaient d'appui aux traverses, qui ainsi résistaient mieux à la pression latérale. Les eaux après décantation s'écoulaient vers le canal inférieur qui les dirigeait dans la vallée. Une fois un mondéo plein, on supprimait la communication avec le canal latéral et, lorsque tous étaient remplis, on interrompait le travail de défoncement pour procéder à la concentration des sables qui s'y trouvaient déposés. Cette concentration se faisait au pied de chaque réservoir, devant la fente verticale, sur le chemin que suivaient les eaux pour atteindre le canal inférieur.

Une faible partie des pierres rejetées par les grilles étaient mises de côté, celles qui semblaient par leur aspect donner des signes de la présence de l'or ; on y joignait les fragments de roches du gisement mises à nu par les eaux et présentant les mêmes signes. Le tout était mis en réserve pour être soumis à un traitement mécanique spécial.

Nous verrons dans le chapitre suivant comment se faisaient les diverses opérations en vue de la concentration des sables et de l'extraction de l'or.

Le nombre des mondéos construits par un même propriétaire de mine variait d'après l'importance du gisement et les facilités d'installation. Quelquefois on profitait d'une petite vallée encaissée entre des montagnes pour les établir les uns au-dessus des autres, supprimant ainsi les murs latéraux des réservoirs extrêmes.

Certains propriétaires de mines ont fait construire des réservoirs de grandes dimensions en nombre suffisant pour y accumuler le produit du travail d'une année. Ceux que l'on voit à la mine de Velloso, à Ouro Preto, sont un modèle du genre ; ils fonctionnaient encore lors de la présence d'Eschwège à Minas, et se trouvent aujourd'hui encore en parfait état de conservation (1) (fig. 12).

Par ce procédé, les mineurs arrivaient bien à creuser profondément les flancs des montagnes, mais ils perdaient beaucoup d'or. Pendant la saison des pluies, la violence des eaux qui déboulaient à torrents était telle que rien ne pouvait y résister ; des quartiers entiers de terrains étaient arrachés, et la

Fig. 12.— Les *mondéos* de Velloso.

matière stérile, se mêlant aux parties riches, rendait ainsi le travail de concentration plus difficile. En outre, dans le canal, une partie des eaux, passant par dessus les grilles avec les pierres, s'écoulaient directement dans la vallée, de sorte qu'une certaine quantité d'or se trouvait perdue pour le propriétaire

(1) Von Eschwege. *Pluto Brasitiensis.— Arbeiten in durchgängig goldhaltigen mürben Gebirgsmassen, auch goldhaltigen Quarzadern,*

de la mine, tant par les fragments de roches que par les sables qui allaient se déposer au delà dans les ruisseaux. On voyait en effet de nombreux orpailleurs arriver à gagner leur vie en traitant les sables de fond dans ces ruisseaux et en faisant le triage de quelques pierres qu'ils écrasaient pour en retirer l'or à la batée.

3° Travaux au sein des montagnes. — Ce n'est que lorsque les mineurs se trouvèrent en présence de gîtes complètement enfouis dans les montagnes ou recouverts de couches épaisses de morts-terrains, qu'ils se décidèrent à recourir aux procédés de l'art des mines, art bien rudimentaire pour eux et qui se réduisait à creuser quelques galeries peu profondes, sans ordre, tout à fait au hasard.

C'est ainsi qu'ils exploitaient des couches d'itabirites recoupées par de nombreuses petites veines de quartz ou des filons dont ils avaient découvert les affleurements au flanc des montagnes et qui s'enfonçaient dans leur sein. En ce cas, ils attaquaient les points qui leur semblaient les meilleurs, en perçant une galerie qui suivait les lignes riches, véritables trous de taupe, faisant des courbes invraisemblables et dont la section était parfois à peine suffisante pour permettre à un homme de passer. Lorsqu'ils atteignaient une partie très productive, ils élargissaient à droite, à gauche, en haut, en bas, suivant leur idée, faisant de la sorte une excavation qui allait en grandissant, jusqu'au jour où se produisaient des éboulements qui venaient leur barrer le passage, quand ils n'étaient pas arrêtés auparavant par le manque d'aérage ou par quelque venue d'eau parfois peu importante, mais dont ils ne pouvaiont se rendre maîtres avec les faibles moyens à leur disposition. Aussi exploitaient-ils un gîte par une série de galeries aboutissant chacune à une chambre isolée, faite dans la partie la plus riche ; lorsqu'une des raisons précédentes obligeait à abandonner cette chambre, ils allaient recommencer plus loin une nouvelle galerie.

Un exemple frappant de ce système est encore visible à la mine de Passagem. Le gîte est formé d'un filon de contact, qui pénètre au flanc d'une montagne escarpée, en s'enfonçant suivant un angle de 18 à 20° (fig. 13). Aux affleurements, on constate, de distance en distance, des galeries qui s'avancent à 20 ou 40 mètres, suivant l'inclinaison, et vont ensuite en s'élargissant, de manière à former des salons de dimensions quelquefois importantes. Les mineurs qui exploitaient ce filon se trouvèrent bientôt arrêtés dans leurs travaux par les éboulis d'un toit peu solide, formé d'itabirites friables, et surtout par l'apparition rapide de l'eau due à leur mode d'avancer en s'enfonçant suivant la pente ; aussi ces excavations ne s'étendent-elles pas beaucoup en profondeur. Ce n'est que lorsque la mine passa entre les mains d'une Compagnie, qu'il fut percé une galerie d'écoulement inférieure dans la roche pour assécher la partie supérieure du gîte.

Ces anciens mineurs préféraient, eux, faire l'épuisement à la main, en employant plusieurs esclaves á transporter l'eau

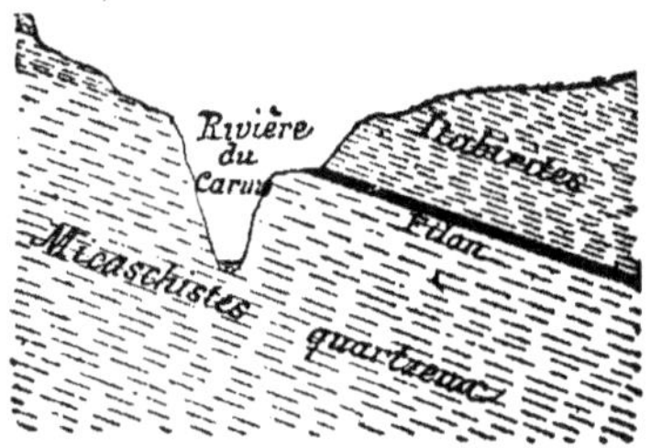

Fig. 13.— Coupe du gisement de Passagem.

dans les *carombès*, comme ils faisaient pour le minerai, plutôt que d'ouvrir une galerie au rocher, tant ils étaient rebelles à l'idée de perdre le gîte de vue et de cesser de voir les lignes où se trouvait l'or visible.

Cependant, lorsque le gîte aurifère se présentait sous une inclinaison sensiblement parallèle à la pente de la montagne qui le renfermait, ils se décidaient parfois, quand les travaux à ciel ouvert n'étaient plus possibles, à percer une courte galerie horizontale à travers les terrains stériles, et, une fois dans le gîte, ils ouvraient une chambre aussi grande que le leur permettait la solidité des parois et ils s'enfonçaient au-dessous du niveau de la galerie, jusqu'à ce qu'ils fussent arrêtés par l'abondance des eaux. C'est ainsi que fut exploité, dans le principe, le filon de Faria, près de Congonhas de Sabará, filon de quartz avec pyrites aurifères, très redressé, dont les affleurements apparaissent vers le sommet de la serra.

On voit encore aujourd'hui les vestiges de quelques-uns de ces vieux salons, ouverts à l'affleurement, et auxquels on accède dans les parties basses par de courtes galeries. Grâce à leur ouverture supérieure, ces cavernes se trouvent bien ventilées et suffisamment éclairées pour en permettre la facile inspection. L'une d'elles, restée presque intacte, donne une idée complète du procédé d'exploitation suivi par les anciens (fig. 14). Les mineurs ont commencé par pratiquer une excavation à ciel ouvert sur l'affleurement du filon, en un point reconnu riche;

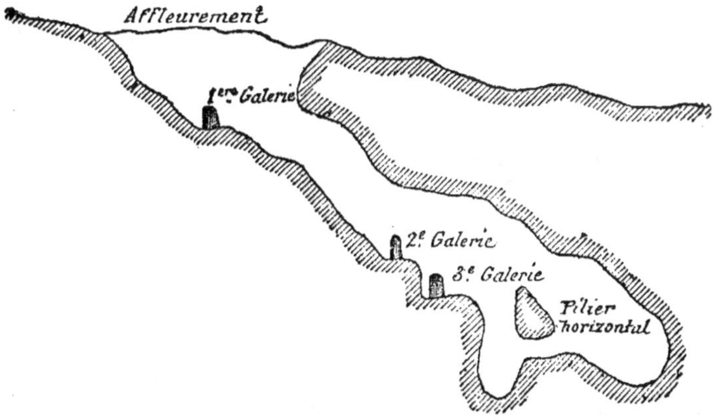

Fig. 14 — Coupe d'un vieux salon de la mine de Faria.

c'est ainsi qu'ils ont d'abord creusé une véritable catta, actuellement beaucoup plus large que dans le principe, à cause des éboulements qui se sont produits sur ses parois. Bientôt, gênés par les eaux, ils ont dû percer une première galerie très courte, de 5 mètres environ, située au fond de l'entonnoir et qui leur a servi en même temps pour la sortie du minerai. C'est à partir de cette galerie qu'ils ont commencé à s'enfoncer sous terre, toujours d'après leur méthode, en suivant pas à pas la cheminée de minerai riche qui se trouve dans le filon; ils ont continué ainsi en descente tant qu'ils ne se sont pas trouvés trop gênés par les eaux, faisant l'épuisement par tous les moyens à leur disposition. Un moment est venu où, se trouvant trop au-dessous du niveau de leur première galerie, ils ont été obligés, pour pouvoir continuer leurs travaux, d'ouvrir une nouvelle galerie d'écoulement plus longue, d'au moins 20 mètres, extrayant à ce niveau tout ce qui leur était possible d'enlever; enfin, battus par la venue d'eau après avoir ouvert une troisième galerie peu au-dessous de la précédente, ils n'ont pu faire l'extraction que sur une profondeur de 8 mètres environ. Pour continuer, il aurait été nécessaire d'ouvrir, à des niveaux inférieurs, de nouvelles galeries mesurant des longueurs importantes, par suite de la faible pente du terrain, ce dont ils ne se souciaient guère. Aussi ont-ils préféré abandonner cette caverne, pour en recommencer une autre sur un autre point, laissant un vide qui mesure près de 50 mètres en longueur, avec une largeur et une épaisseur variant de 5 à 8 mètres.

Comme mesure de précaution, ils laissaient de temps à autre un pilier de soutien, choisissant naturellement les endroits où le minerai plus pauvre les tentait moins. C'est ainsi que dans l'excavation de Faria, on trouve un pilier vertical vers le fond de l'entonnoir, et un autre horizontal, sorte d'arc jeté entre les deux parois, dans la partie large au-dessous du niveau de la troisième galerie.

Telles sont les rares exploitations faites par les mineurs anciens à l'aide de galeries percées dans les roches peu dures, et sans aucun revêtement pour en assurer l'entretien. Le transport des matériaux se faisait uniquement par les nègres portant une carombé pleine sur la tête : on juge combien ce mode devait être pénible, quand la galerie s'inclinait suivant le gîte ou qu'il fallait remonter les terres du fond à son niveau. Aussi ne peut-on s'empêcher d'admirer la patience de ces hommes, qui, malgré leurs faibles moyens, arrivaient à creuser de pareilles excavations.

CHAPITRE III

TRAITEMENT DES SABLES ET MINERAIS AURIFÈRES

§ 5. — **Généralités**

Nous avons vu que les anciens mineurs ont exploité principalement les alluvions et les roches friables aurifères, et plus rarement les roches dures, où se trouvaient des traces d'or visible. Le traitement qu'ils faisaient subir aux premières se réduisait à une suite de lavages, de manière à obtenir des sables concentrés dont ils achevaient la purification à la batée ; ils en retiraient ainsi une poudre d'or contenant encore quelques parcelles stériles. Pour les roches dures, ils étaient obligés de faire un broyage préalable, avant de les soumettre au lavage.

Il nous faut donc distinguer le traitement appliqué aux sables et terres aurifères et celui employé pour les roches.

§ 6.—**Traitement des sables et terres aurifères**

Comme nous venons de le dire, ce traitement se compose de simples lavages.

Dans le principe, les mineurs se contentaient de faire la concentration des sables et la purification de l'or uniquement à la batée ; mais ce procédé était excessivement long, à cause de la faible quantité de sables que l'on pouvait y passer à la fois. Aussi, pour pouvoir traiter de plus grandes masses en même temps, ils imaginèrent de diviser l'opération du lavage en deux, en faisant la concentration dans un appareil capable de recevoir une charge importante de sables, et en réservant le travail à la batée pour la purification de l'or des sables concentrés. La seconde partie du traitement se faisant sur une proportion réduite de matière, l'inconvénient de la batée disparaissait, tout en conservant cet appareil, le meilleur instrument de purification qu'ils eussent à leur disposition.

1° CONCENTRATION DES SABLES ET TERRES AURIFÈRES. — Les mineurs faisaient la concentration ou l'enrichissement des sables et terres aurifères, en les soumettant à l'action d'un fort courant d'eau dans des lavoirs à bras, désignés sous le nom de *canoas* et de *bolinetes*, et en retenant les parcelles lourdes, entraînées par l'eau, sur des tables à toiles fixes placées à la suite de chaque lavoir.

La canoa était un lavoir plus primitif que la bolinete, mais, par contre, d'installation plus simple, comme nous pourrons le constater, en étudiant successivement ces deux systèmes de lavage.

Lavage dans les canoas. — La canoa consistait en une fosse peu profonde, faite dans la terre, à l'endroit où l'on voulait procéder au lavage des sables (1).

On commençait par creuser un petit canal pour amener l'eau et, à la suite, on établissait une fosse rectangulaire de 1 mètre à 1^{m},50 de longueur, de 0^{m},50 à 0^{m},70 de largeur et de 0^{m},10 à 0^{m},60 de profondeur, dont le fond était légèrement incliné dans le sens du courant. Le petit côté du bas était supprimé et l'on prolongeait le fond de la canoa par un plan incliné, appelé *bica*, mesurant près de 2 mètres de longueur et dont la pente variait de 15° à 25°, suivant la nature des matières à laver (fig. 15). C'était la bica qui servait de table à toile fixe, en y étalant des peaux de bœufs, les poils en dessus, ou

(1) VON ESCHWEGE. *Pluto Brasiliensis.* Verwaschen auf Rührheerden mit verbundenen Planheerden.

des morceaux d'étoffe en grosse laine, pour mieux retenir les fragments pesants. Au delà, le canal se continuait, pour faciliter le départ de l'eau, entraînant avec elle les matières stériles. On établissait ordinairement la canoa sur un sol argileux, pour que les parois de la fosse se soutiennent bien ; dans le cas contraire, on les consolidait avec de la glaise et des mottes de gazon. Un nègre pouvait préparer une canoa avec sa bica en deux heures.

Les sables que l'on devait concentrer étaient déposés en tas auprès de la canoa, et, une fois les peaux ou les étoffes de laine étendues sur la bica, le laveur commençait son travail. Pour

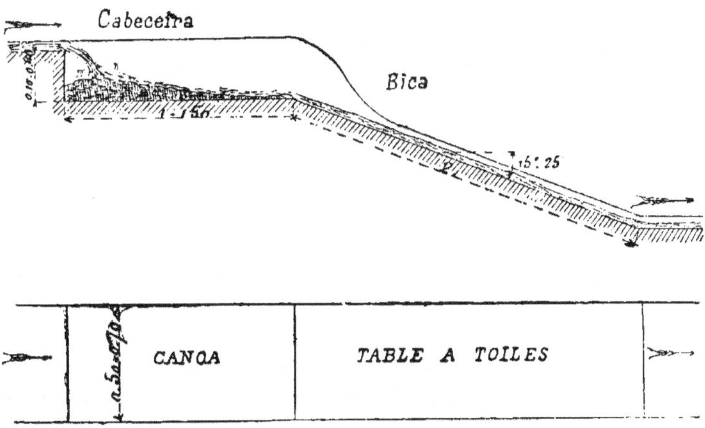

Fig. 15.—Coupe et plan d'une *canoa.*

cela, il entrait dans la fosse et, avec son almocafre, il faisait tomber une pelletée de sable qu'il accumulait en avant, à la tête de la canoa (*cabeceira*) ; ensuite il lâchait l'eau, qui, tombant en cascade sur le sable. l'éparpillait dans le fond (fig. 16).

Pour empêcher qu'il ne s'échappât entre ses pieds une trop grande quantité de matière à la fois, il ramenait en amont, avec son outil, une partie des sables entraînés, qu'il accumulait de nouveau sous la chute d'eau, tandis que les boues légères étaient emportées par le courant sur les tables et au delà. Il remuait ensuite ce tas de sables, en le soulevant avec l'almocafre, pour mieux l'exposer à l'action de l'eau, de manière à permettre à l'or de se déposer au fond. Quand, après avoir répété plusieurs fois ce travail de râblage, il était arrivé à se débarrasser des terres boueuses plus légères et qu'il ne restait plus en amont qu'une couche de sables purs avec l'or déposé, il reprenait une nouvelle pelletée de sables qu'il traitait de la même manière, en prenant la précaution de ne remuer que le nouveau tas, sans toucher au dépôt de dessous.

Durant cette première phase de l'opération, le laveur faisait subir un véritable débourbage à la masse, qui s'amoncelait ainsi par couches successives vers la partie supérieure de la canoa. Celle-ci, une fois pleine, il cessait de mettre une nouvelle charge et procédait alors à la concentration de la lavée.

Auparavant il commençait par interrompre le courant d'eau et par laver les toiles des tables dans une cuve ; celles-ci remises en place, il lâchait de nouveau l'eau, mais en quantité moindre, et faisait un rablâge de la masse contenue dans la fosse, en enfonçant l'almocafre jusqu'au fond, de manière à amener à la surface les parties légères. Au bout d'un certain temps la lavée étant réduite à une couche mince étalée dans le fond, l'almocafre était devenue inutile pour le rablâge ; il diminuait encore l'intensité du courant et, une planchette à la main, il se mettait à râcler le dépôt pour le rassembler sous la chute et obliger les dernières parcelles légères à s'échapper. Enfin, rien n'étant plus entraîné et la couche ne formant plus qu'une lame très mince, il détournait complètement l'eau et, avec un petit balai, rassemblait la partie éparpillée dans le tiers supérieur de la fosse, pour la recueillir dans un récipient quelconque, batée ou carombé. Cette partie, la plus riche en or, était mise de côté pour être purifiée, tandis que le reste du dépôt était balayé et rassemblé sous la chute d'eau de nouveau lâchée, afin de faire filer peu à peu tout sur les tables. Cela fait, les toiles étaient lavées dans la cuve de dépôt et replacées. Le travail du lavage dans la canoa était terminé et le laveur recommençait sur une nouvelle masse de sables.

Tel est le procédé simple appliqué à la concentration des sables et terres aurifères que les mineurs avaient extraits des rivières ou des montagnes et portés aux dépôts de lavage. Ordinairement ils établissaient leurs canoas au bord d'un ruisseau

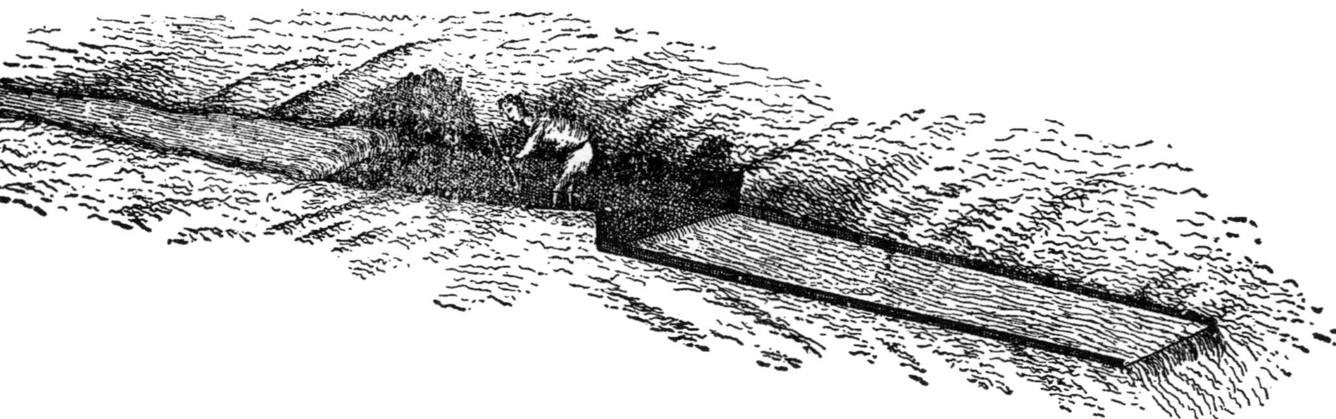

Fig. 16. — Vue d'une canoa (reproduction d'un dessin de Von Eschwège).

dont ils détournaient une partie de l'eau en vue du lavage. Les dimensions de la canoa et l'inclinaison des tables variaient suivant la quantité et la nature des matières à traiter.

Quand l'or s'y trouvait à l'état fin, ce qui augmentait les difficultés pour le retenir, ils plaçaient plusieurs canoas, disposées en cascade les unes au-dessus des autres, soit directement, soit avec des tables à toiles intercalées entre elles (fig. 17). Plus il y avait de tables employées, plus l'inclinaison devait être forte pour les dernières : ainsi, tandis que les tables supérieures avaient une inclinaison de 15°, les suivantes en avaient une de 20°, et celles de la troisième ligne, de 25° à 30°. C'était, du reste, par expérience qu'ils arrivaient à déterminer la pente convenable à donner. Dans le cas d'une semblable série d'appareils, le travail du débourbage était fait par un laveur, dans chaque canoa, et, pour la concentration de la lavée, on opérait d'abord dans la canoa supérieure, puis dans chacune des suivantes successivement.

Outre les canoas creusées dans la terre, on construisait aussi des canoas en pierres, lorsque le lavage devait s'exécuter constamment à la même place, comme cela se présentait pour la concentration des dépôts aurifères des mondéos (1). Dans ce but, on avait au pied de la fente verticale de chaque réservoir un seuil dallé et légèrement incliné, d'environ 2 mètres de longueur, à la suite duquel venait la canoa, dont le fond était formé de dalles et les pans de gros blocs de pierres ; sa largeur était supérieure à celle des canoas ordinaires. Après, se trouvaient les tables fixes dallées, au nombre de deux à quatre, généralement séparées entre elles par un petit rebord en dalles placées de champ. Ces tables avaient une inclinaison plus faible que celles des canoas simples, mais une longueur plus grande, atteignant jusqu'à 10 mètres ; à leur suite, existait un plan incliné, pavé de pierres roulées et dont la pente très forte permettait l'écoulement rapide des rejets qui allaient tomber dans le canal inférieur.

Lorsqu'on devait effectuer la concentration des dépôts accumulés dans un mondéo, on commençait par étaler des toiles (peaux ou morceaux de laine) sur les tables, puis, après avoir

(1) Voir la figure 11. Perspective, coupe et plan d'un mondéo.

retiré la traverse supérieure de la fente, on lâchait un certain courant d'eau dans le mondéo par le déversoir d'arrière. La force de l'eau entraînait peu à peu les boues de la surface, qui venaient se déverser par la fente et tomber en cascade sur le seuil dallé, puis dans la canoa, où les parties lourdes se déposaient. Lorsque le niveau des boues s'était abaissé dans le réservoir au point de ne plus pouvoir passer par-dessus le barrage, on retirait une nouvelle traverse, et le travail continuait. L'opération du lavage dans la canoa s'effectuait par le procédé ordinaire, avec cette différence que le laveur n'avait pas à verser de charges de sable à la cabeceira, puisque celui-ci était directement apporté par l'eau.

Lavage dans les bolinetes. — La bolinete était une sorte d'auge en bois, dont les dimensions permettaient à deux ou trois hommes de travailler à la fois ; sa production était donc supérieure à celle de la canoa. Au reste, elle avait une forme analogue : une caisse inclinée, en gros bois, de $1^{m},50$ à 3 mètres de longueur, avec une largeur de 1 mètre environ à la tête (*cabeceira*), qui allait en diminuant jusqu'au bas où elle n'avait plus que $0^{m},90$. Comme la canoa, elle était ouverte à l'extrémité inférieure; seulement on pouvait y adapter des traverses en bois, qui, placées les unes sur les autres, formaient un barrage, permettant d'accumuler dans la caisse une plus grande quantité de lavée ; aussi donnait-on aux bolinetes une plus grande profondeur. L'inclinaison de la caisse était aussi plus forte pour faciliter le départ de l'eau et des matières légères ; elle variait du reste suivant la nature des sables à traiter. A la suite de la bolinete, étaient disposées des tables à toiles fixes, exactement comme pour la canoa (1).

Le travail se faisait de la même manière : l'eau arrivait par une rigole et tombait en cascade à la tête de la caisse, où l'on versait par pelletées les sables à concentrer ; les laveurs faisaient le débourbage suivant le procédé ordinaire ; seulement, à mesure que les couches de lavée s'accumulaient, ils ajoutaient

(1) VON ESCHWEGE. *Pluto Brasiliensis.* Verwaschen auf Bolinetes, oder verbesserten Rührheerden, besonders für das Cascalho-Lager und Ganggold (Formação).

Fig. 17.— Canoas superposées (reproduction d'un dessin de Von Eschwège).

une traverse pour maintenir l'écoulement au niveau de la couche supérieure. Une fois toutes les traverses placées, la caisse ne pouvant plus recevoir une nouvelle charge de sable, on passait à la concentration. Celle-ci s'effectuait en râblant avec l'almocafre la masse que l'on ramenait vers la chute d'eau ; pour faciliter le départ des matières légères, on retirait une traverse du barrage, et à mesure que l'on avançait dans le râblage, on enlevait successivement toutes les traverses. Une fois le travail terminé, alors qu'il ne restait dans la caisse qu'une couche mince de lavée, on recueillait la partie riche de la cabeceira pour la passer à la batée, tandis que l'on faisait filer le reste sur les tables (1).

Quand on traitait des sables et des terres où l'or se trouvait fin et léger, on faisait le lavage dans une série de bolinetes étagées les unes au-dessus des autres, avec des tables à toiles à la suite ou intercalées dans l'intervalle de deux caisses. Les mineurs observaient les règles citées précédemment pour l'inclinaison à donner aux tables et pour la manière d'exécuter le travail.

Comme ces divers lavoirs étaient tous à découvert, le lavage ne pouvait se faire que pendant la saison sèche ; des pluies torrentielles tombant presque constamment pendant une certaine partie de l'année empêchaient tout traitement. C'est pour ce motif que l'on donnait de grandes dimensions aux mondéos, afin de pouvoir y accumuler les débris de l'exploitation d'une année.

En résumé, le travail était le même dans la canoa et la bolinete et comprenait deux phases distinctes : dans la première on accumulait la masse aurifère dans la caisse, en lui faisant subir un simple débourbage ; dans la seconde, on exécutait la concentration de la masse, dont la partie riche était mise à part, tandis que le reste passait sur les tables, où les parcelles lourdes étaient retenues. Le dépôt riche et celui des tables étaient ensuite soumis à une nouvelle opération, chacun séparément, pour la purification de l'or.

---

(1) La bolinete rappelle beaucoup le *caisson allemand* par sa forme et par le mode de travail, au moins en ce qui concerne le débourbage.

2° Purification de l'or. — La purification de l'or se faisait toujours à la batée (1).

La séparation s'obtenait assez facilement quand la lavée provenait de dépôts d'alluvions, où l'or se rencontrait en grains assez gros et en pépites. Le travail était, au contraire, plus difficile, lorsque l'or se trouvait dans le mélange à un degré plus fin : il était alors nécessaire d'opérer avec beaucoup de soins pour éviter des pertes élevées. Aussi les nègres qui avaient une certaine habileté à manier la batée, étaient-ils très recherchés par les propriétaires de mines.

Pour exécuter ce travail, on creusait une fosse d'environ 1 mètre de profondeur, ordinairement sur le bord de la rivière, non loin des lavoirs ; le nègre chargé de la purification, l'*apurador*, se tenait dans cette fosse, ayant de l'eau jusqu'aux genoux, et mettait dans une batée une poignée de lavée déposée en tas à côté. Il commençait par en faire une bouillie fine en y ajoutant un peu d'eau et en pétrissant le mélange avec la main ; puis, après une nouvelle addition d'eau, tenant la batée par les bords opposés, il la faisait mouvoir, de manière à imprimer peu à peu à toute la masse un mouvement circulaire. Les parties légères restaient alors en suspension dans l'eau, tandis que les parcelles lourdes s'accumulaient avec l'or au fond de la batée ; pour en faciliter la descente, il avait soin d'accompagner le mouvement de légères secousses données à la batée avec la main gauche. Tant que l'eau était trouble, il en faisait couler un peu au dehors en accentuant l'agitation, de manière à rejeter avec elle quelques parcelles légères ; puis il puisait une nouvelle quantité d'eau dans la fosse, répétant ce double manège jusqu'à ce que l'eau de la batée fût devenue limpide.

La batée ne contenant plus que les sables lourds avec l'or, l'apurador passait à la partie délicate de l'opération : il devait, par une rotation plus vive, maintenir en suspension dans l'eau les diverses parcelles lourdes ; ensuite, ralentissant un peu, lorsqu'il jugeait que l'or seul avait eu le temps de se déposer au fond, il inclinait vivement la batée, de manière à faire partir toute l'eau et à étaler la lavée à la surface, les parties plus

(1) Von Eschwege, *Pluto Braziliensis*. Reinigung (apuração) des Goldes in den Bateas.

légères affluant vers le bord. Comme il n'était pas possible d'obtenir une séparation nette entre l'or et la masse stérile, et qu'il se formait une zone intermédiaire due à des grains d'or fin, qui étaient restés en suspension avec les sables les plus lourds, le nègre, maintenant la batée dans sa position inclinée avec la main gauche, puisait un peu d'eau dans le creux de sa main droite et lavait toute la masse étalée vers le bord jusqu'au point où se montraient des parcelles d'or visible, pour la faire couler dans la fosse. C'est ce que les mineurs appelaient *couper* la lavée. Recueillant dans la batée une nouvelle portion d'eau claire, il répétait cette même manœuvre jusqu'à ce qu'il arrivât à étaler au fond de la batée l'or débarrassé de tout stérile. Avec quelques gouttes d'eau et en frottant de la main, il versait cet or dans un vase de cuivre rempli d'eau, dont le couvercle, en forme de cône creux, percé de trous, était en partie noyé, de sorte que tout l'or était obligé de tomber au fond et se trouvait à l'abri des vols, le propriétaire seul possédant la clef du vase. Lorsque l'or se présentait en poudre et en grains fins, comme c'était le cas dans les terres boueuses et argileuses, le travail de la batée devenait plus délicat : cet or fin se trouvait en effet, plus intimement mélangé avec la masse visqueuse, il lui arrivait même de flotter à la surface de l'eau et d'être ainsi facilement entraîné. Pour arriver à le séparer, il fallait exécuter les mouvements de la batée avec plus de lenteur et prendre certaines précautions : lorsque l'apurador avait rejeté les eaux troubles et boueuses, ne retenant dans la batée que la masse concentrée, au lieu d'y verser seulement de l'eau pure, dans laquelle l'or fin avait une plus grande tendance à surnager, il ajoutait avec la main un peu d'eau puisée dans un vase où l'on avait fait tremper certaines plantes, dont le suc, mêlé à l'eau avait la propriété de faire précipiter l'or flottant.

Ce fait, les anciens mineurs l'avaient constaté par une longue expérience ; et encore aujourd'hui, on emploie dans le même but de l'eau où l'on a macéré des feuilles de *maracuja-assu* (*maracuja-grande*), de *jurubeba*, d'*enxota* (*santa-anna*), de *pegadeira* (*matta-pasto*, *herva do vigario*) (1).

(1) *Maracuja-assu*, Passiflora quadrangularis. *Jurubeba*, Solanum passiculatum. *Enxota* et *Pegadeira*, Composées du genre Eupatorium.

Malgré cela, on ne pouvait arriver à une purification complète qu'en perdant une partie de l'or fin ; aussi préférait-on terminer l'opération en versant le contenu de la batée dans un plateau de cuivre, appelé *caco*, de $0^m,15$ à $0^m,30$ de diamètre, plein de suc de plantes, que l'on manœuvrait comme la batée, mais avec de plus grands soins encore. De plus, pour éviter que la plus grande partie de l'or ne passât directement avec les rejets de la batée dans la fosse, on interposait sur leur passage une autre batée qu'on laissait flotter à la surface de l'eau et dans laquelle on recueillait tout ce qui s'écoulait de la première; les dépôts qui s'y étaient accumulés étaient repris à leur tour, et l'on exécutait sur eux le même travail, que l'on répétait deux et même trois fois ; finalement les derniers rejets étaient versés directement dans la fosse (1).

Cependant on ne pouvait empêcher que beaucoup d'or ne s'échappât de la batée avec les rejets, qui formaient des dépôts boueux dans la fosse ; aussi ces boues étaient-elles reprises à la fin de chaque année, ou quand la fosse était trop pleine de boue pour pouvoir y travailler, et en les concentrant et les purifiant, on en retirait encore une notable quantité d'or. C'est pour cette raison que les mineurs, qui possédaient une exploitation importante, plaçaient de préférence leur fosse de purification à l'intérieur de constructions fermées, aux murs épais. La fosse occupait le milieu d'une salle dallée, et le nègre travaillait sous les yeux du maître ou du feitor chargé de veiller à ce qu'il ne dérobât pas quelques paillettes d'or, en les cachant adroitement dans sa chevelure crépue (fig. 18).

Les boues, retirées de la fosse, étaient versées dans une canoa, d'où on les faisait filer sur des tables à toiles placées à la suite ; ce qui s'y déposait était ensuite soumis à la purification à la batée, comme la première fois. Lorsque les boues contenaient surtout de l'or fin, les mineurs avaient imaginé un système compliqué pour les retenir sur les toiles : ils donnaient aux tables une faible pente, pour ralentir la vitesse du courant, et par-dessus ils plaçaient deux rangées de toiles superposées et légèrement écartées l'une de l'autre pour laisser entre elles le passage de l'eau, de sorte que l'or flottant restait accroché aux

(1) VON ESCHWEGE. *Pluto Brasiliensis*. Amalgamation.

toiles supérieures ; les dépôts obtenus étaient purifiés suivant le procédé habituel.

Tous ces moyens étaient bien peu efficaces pour retenir l'or léger ; ce n'est pourtant que dans les derniers temps que les mineurs eurent recours à l'amalgamation pour effectuer les purifications difficiles. Dans la batée contenant les boues déjà concentrées, l'apurador ajoutait un peu de mercure et pétrissait le tout avec la paume de la main ; lorsqu'il supposait que l'or

Fig. 18.— Purification de l'or.
(Reproduction d'un ancien dessin de Von Eschwège.)

avait été entièrement absorbé, il lavait le mélange pour débarrasser l'amalgame de toute impureté, et le versait dans un plat de cuivre, que le mineur plaçait sur des charbons ardents, après l'avoir recouvert d'une large feuille verte de figuier. Le mercure s'évaporait et se condensait en partie contre la feuille, qu'on remplaçait de temps en temps par une nouvelle plus fraîche, tandis qu'on recueillait dans un vase le mercure qui s'y était déposé ; après distillation complète, il retirait du feu le plat contenant l'or vierge dans le fond. Ce procédé d'amalgamation était bien rudimentaire et occasionnait des pertes élevées de mercure.

---

§ 7. — Traitement des minerais aurifères

Lorsque le gîte aurifère était formé par des roches dures, où la présence de paillettes d'or visible avait stimulé les mineurs à surmonter les difficultés de l'exploitation, ceux-ci commençaient par soumettre le minerai extrait à un broyage préalable pour l'amener à l'état de sable fin, auxquel ils pussent appliquer leurs procédés de lavage (1).

Le système de broyage employé dans la plupart des mines, était exécuté directement par la main de l'homme. Les esclaves assis par terre ou sur une pierre, avaient chacun devant eux, entre les jambes, une pierre dure et compacte, morceau de diabase ou de quartzite, sur lequel ils écrasaient le minerai à l'aide d'une masse à manche court dont la tête pesait de 1 à 2 kilogr. Les morceaux de minerai étalés sur l'enclume de pierre, ils les frappaient à petits coups, pour les réduire à l'état de sables plus ou moins fins, qu'ils rejetaient ensuite de côté et en reprenaient une nouvelle quantité.

Les broyés ainsi obtenus étaient de grosseurs inégales, et, pour en faire la séparation, ils avaient recours à un moyen bien simple : ils versaient le tout sur un tas de sable en forme de pyramide, de sorte que les fins s'amoncelaient au sommet, tandis que les gros roulaient jusqu'au bas. Ces derniers passaient de nouveau au broyage ; les fins étaient lavés à la canoa et sur les tables.

---

(1) Von Eschwege. *Pluto Brasiliensis*. Pochen und Zerkleinern des goldhaltigen Gesteins.

Les dépôts des toiles allaient directement à la purification, mais les sables que l'on avait concentrés dans la canoa n'étaient pas assez fins pour en extraire l'or ; on leur faisait subir, dans ce but, une pulvérisation complémentaire en les frottant fortement entre deux pierres dures (fig. 19).

On plaçait pour cela, sur des blocs de pierre, une dalle épaisse d'itacolumite compacte, de 20 centimètres carrés, en lui

Fig. 19.— Nègre broyant le minerai aurifère.

donnant une inclinaison d'environ 30°. Le nègre chargé du travail de la pulvérisation se tenait à l'arrière, ayant à sa gauche le tas de sable à écraser, et à sa droite une écuelle pleine d'eau; il commençait par déposer sur la pierre une poignée de sable qu'il aspergeait de quelques gouttes d'eau puisées dans l'écuelle et exécutait ensuite la trituration en frottant la masse avec un autre fragment de pierre dure, diabase ou quartzite, qu'il tenait à deux mains et qu'il promenait ainsi sur la dalle en appuyant de toutes ses forces ; en ajoutant de temps en temps un peu d'eau, il arrivait à former une boue fine qui s'écoulait peu à peu vers le bord inférieur de la dalle et tombait dans un plat de bois (*gamella*) placé au bord pour la recueillir. Ce procédé de porphyrisation était bien efficace, mais bien fatigant pour l'homme et surtout très lent. Au reste, le broyage à la masse n'était pas non plus très rapide, car chaque nègre produisait en moyenne, par jour, 50 kilogrammes de sable. Malgré cela, les mineurs restèrent longtemps sans chercher à améliorer leur

Fig. 20. — Ancien appareil hydraulique pour pulvériser le minerai aurifère.
(Reproduction d'un dessin de Von Eschwège.)

procédé de broyage, et encore de nos jours, on trouve, aux environs d'Ouro Preto, de petits exploitants qui écrasent leurs minerais de quartz aurifère de la même manière.

Quelques mineurs plus avisés essayèrent d'établir des appareils susceptibles de remplacer le broyage à la main. Entre tous, il convient de signaler un système hydraulique, décrit par Von Eschwège, qui avait été imaginé en prenant comme modèle le travail de porphyrisation exécuté à la main par le nègre (fig. 20). Une grosse dalle de 1m,50 environ de longueur et de 0m,75 de largeur reposait sur un châssis en bois, incliné ; une autre dalle plus petite, moitié moins longue, mais de même largeur, était placée sur la première, sa face lisse en dessous, et un anneau fixé par une charnière à son extrémité supérieure permettait de la relier par une bielle et une manivelle à l'arbre d'une petite roue à augets, reposant sur un bâti en arrière à une distance d'environ 2 mètres du châssis, parallèlement à son petit côté. Un conduit en bois amenait l'eau au-dessus de la roue, qui par sa rotation, imprimait à la petite dalle un mouvement de va-et-vient identique à la manœuvre exécutée par l'homme. Un nègre versait de temps en temps sur la grande dalle en haut une poignée de sable qu'humectait l'eau tombant goutte à goutte d'une petite rigole placée à la suite du conduit et l'amenait sous la pierre de broyage, qui la transformait peu à peu en boue fine, recueillie au bas dans une batée. Quand la dalle supérieure se trouvait trop usée, on la surchargeait d'une lourde pierre pour qu'elle continuât à frotter les grains assez fortement pour être pulvérisés.

Quel que fût le mode de pulvérisation employé, la boue obtenue était soumise au lavage, suivant les procédés déjà décrits.

CHAPITRE IV

IMPOT SUR L'OR ET MAISONS DE FONTE

§ 8 — **Impôt sur l'or**

Dès que la nouvelle de la découverte de l'or au Brésil se répandit dans la métropole et qu'on apprit l'affluence des aventuriers qui s'établissaient sur le nouveau territoire, le gouvernement s'occupa immédiatement d'introduire une réglementation des mines et surtout de garantir la part qui devait revenir à la couronne. On exhiba une loi qui existait déjà depuis un certain temps au Portugal, attribuant au roi la cinquième partie de tous les minéraux extraits, sous le nom d'impôt du quint (*quinto*), et on l'appliqua au Brésil.

Alvara du 17 décembre 1557. De ceux qui découvriront des veines métalliques et de la récompense qu'ils recevront.

. . . .

4. Et de tous les métaux extraits, une fois fondus et affinés, on paiera le quint à S. A. en sus de tous frais. . . . . (1)

---

(1) Francisco Ignacio Ferreira. *Repertorio juridico do mineiro.* Rio-de-Janeiro, 1884.

Des *providores*, sortes de percepteurs, furent envoyés, vers 1700, pour percevoir l'impôt, et, afin d'en faciliter le recouvrement, le gouverneur Arthur de Sa Menezes fit défense, par *Bando* du 18 avril 1701, à toute personne d'exporter de l'or sans un permis de circulation prouvant qu'elle avait acquitté l'impôt et, à cet effet, il fit établir des registres sur les routes de Rio-de-Janeiro, San-Paulo, Bahia et Pernambuco.

Ce mode de perception se continua jusqu'en 1713, lors de l'arrivée aux mines du gouverneur D. Draz Balthazar da Silveira, qui convoqua les fonctionnaires et le peuple en assemblée à Villa-Rica, pour traiter de la perception des impôts et des moyens de réduire la fraude. Il rencontra une vive opposition de la part des mineurs, lorsqu'il présenta le projet du roi de faire construire des maisons de fonte, et, pour éviter tout désordre, il finit par accéder à une proposition de l'assemblée, par laquelle le peuple s'engageait à verser annuellement à la couronne une contribution (*finta*) de 30 arrobas (450 kilogr.) d'or, sous la condition que les registres seraient abolis et que chacun pourrait exporter son or librement. En 1715, arriva une réponse du roi désapprouvant le système et ordonnant l'application du quint par batée ; force fut au gouverneur de réunir à nouveau l'assemblée, et l'on fixa à 10 oitavas (35,86 grammes) l'impôt par batée admise à travailler. Cette résolution resta sans effet, car les mineurs protestèrent, et en octobre 1715, le roi approuva le contrat des 30 arrobas (1).

Cette convention fut renouvelée ainsi tous les ans jusqu'en 1718, époque à laquelle elle fut abaissée à 25 arrobas (375 kilogr.), mais avec retour au roi des impôts d'importation. Comme cette contribution était répartie d'une manière très inégale entre les habitants des mines, le roi D. João V décréta, par une loi du 11 février 1719, que ce système d'impôt serait supprimé et remplacé par le quint, que l'on construirait à cet effet, aux frais de la couronne, des maisons de fonte où tout l'or serait fondu en barres et qu'il serait défendu d'exporter l'or en poudre.

Afin d'exécuter cet ordre, le gouverneur convoqua les

---

(1) Von Eschwege. *Pluto Brasiliensis*. Erste Abtheilung. II Kapitel. Geschichte der Goldentdeckung, der Goldwäscherei und Gräberei in der Provinz Minas Geraes.

providores, le 16 juillet 1719, et les consulta sur les endroits où il conviendrait d'établir des maisons de fonte ; d'un commun accord, ils désignèrent Villa-Rica, Sabará, San-João d'El-Rey et Villa-do-Principe, et il fut décidé que le peuple continuerait à payer la contribution annuelle jusqu'au moment où les maisons de fonte seraient prêtes à fonctionner. Lorsque les mineurs eurent connaissance de cette décision, une révolte s'ensuivit, et le gouverneur, débordé, dut surseoir à l'édification des maisons et se retirer à Villa-do-Carmo. En présence de ces troubles continuels, D. João V nomma un nouveau gouverneur, D. Lourenzo de Almeida, qui arriva aux mines en 1721, et, par sa prudence, parvint à rétablir l'ordre. Une fois les esprits calmés, le gouverneur convoqua une assemblée à Villa-Rica, le 25 octobre 1722, pour délibérer sur les ordres réitérés du roi, relatifs à la construction des maisons de fonte.

Pour retarder l'exécution de cet ordre, le peuple, qui, jusqu'à ce jour payait la contribution annuelle de 25 arrobas, offrit de l'augmenter de 12 arrobas, et s'obligea, par décision de l'assemblée, à payer dorénavant une contribution de 37 arrobas (555 kilogr.). Le gouverneur, redoutant une nouvelle effervescence des esprits, accéda à cette proposition ; mais une fois qu'il eut acquis une autorité suffisante sur le peuple, il convoqua à nouveau l'assemblée, au 15 janvier 1724, et finit par obtenir qu'elle décidât à l'unanimité la construction des maisons de fonte ; elle décréta en même temps qu'elles commenceraient à fonctionner au 1er février 1725, époque à laquelle le système de contribution prendrait fin.

A dater de ce jour, tout l'or en poudre dut être porté aux maisons de fonte : on y prélevait la cinquième partie de la quantité apportée par chacun, le reste était fondu et remis à son propriétaire avec un permis de circulation (*guia*) prouvant que le quint avait été acquitté. Cet impôt, très lourd pour les mineurs détermina un accroissement de la fraude ; pour y remédier, il fut réduit, par décision de l'assemblée, de 20 % à 12 %, en 1730. A la fin de 1732, vint un ordre du roi pour transformer le quint en impôt de capitation (*capitação*). Ce système devait convenir encore moins au mineur, qui se trouvait obligé d'acquitter le même impôt, qu'il retirât beaucoup ou peu d'or de sa mine. Aussi le peuple, réuni en assemblée, le 24 mars 1734, s'offrit-il à assurer au roi une contribution annuelle de 100 arrobas (1 500 kilogr.), s'engageant à compléter cette somme au cas où les rentrées du quint dans les maisons de fonte ne l'atteindraient pas.

Cette proposition ne fut pas acceptée, et, par résolution de l'Assemblée, convoquée le 30 juin 1735, à Villa-Rica, par le nouveau Gouverneur, Gomes Freire de Andrade, l'impôt de capitation fut établi, malgré de nombreuses oppositions. On fixa à 4,75 oitavas (17 grammes) la valeur de l'impôt annuel à payer pour chaque nègre employé aux mines; ceux au-dessous de 14 ans nés aux mines furent seuls exceptés (1).

Bien que l'expérience ne tarda pas à prouver que ce système d'impôt était excessivement défectueux et achevait souvent la ruine du mineur malheureux dans ses travaux, il n'en fut pas moins maintenu jusqu'au 1er août 1751, époque à laquelle fut appliqué le système proposé précédemment par le peuple, lors de l'Assemblée du 24 mars 1734, et que le roi avait fini par accepter, sur les supplications répétées des habitants des mines, par la loi du 3 décembre 1750, annulant l'impôt de capitation et rétablissant celui du quint. Il y était stipulé que l'or serait fondu en barres dans les maisons de fonte, après en avoir déduit le quint, et que le peuple assurerait à la couronne une contribution annuelle de 100 arrobas d'or ; si la rentrée des quints présentait un déficit sur cette somme, le complément serait obtenu par voie de contributions entre les habitants ; s'il y avait, au contraire, excédent, le surplus serait mis en réserve jusqu'à la fin de l'année suivante, pour servir à compléter les quints, si ceux-ci se trouvaient diminués, ou, au cas contraire, serait définitivement acquis à la couronne.

Dès lors il ne fut plus fait de modification au mode de percevoir l'impôt, qui resta le même, jusqu'au jour où le Brésil secoua le joug de la métropole. Seulement la contribution de 100 arrobas qui, pendant les premières années, se trouva couverte par un excédent des quints, commença à être difficilement complétée, lorsque ceux-ci diminuèrent par suite de la décadence des mines, et il arriva un moment où la rentrée des quints dans les maisons de fonte devint si faible, que les habitants

(1) Vicomte de Porto Seguro, *Historia Geral do Brazil*,

eurent à supporter, pour fournir le complément, des charges telles que le paiement de la contribution souffrit de nombreux retards, et bientôt ils se trouvèrent dans l'impossibilité de satisfaire à leurs engagements. La rentrée des quints dans les maisons de fonte, qui s'élevait à plus de 116 arrobas en 1759, se maintint aux environs de 100 arrobas jusqu'en 1766, pour décliner à partir de cette époque ; elle n'était plus que de 70 arrobas en 1777, de 30 en 1808, pour tomber à 7 et à 2 arrobas en 1819 et 1820.

Devant le triste sort de la population des mines, il semble que le Gouvernement royal ait cherché un moment, au commencement du siècle, à y porter un adoucissement : le Prince Régent, par une *Alvara* du 13 mai 1803, traitant de l'administration des mines d'or et de diamants du Brésil, déclare qu'étant venu à sa connaissance, que les mineurs se trouvent dans l'impossibilité d'acquitter le droit royal du quint, et désirant favoriser les travaux d'exploitation de l'or et pousser à l'extraction de ce précieux métal, l'impôt du quint sera dorénavant réduit de moitié, à l'état de demi-quint ou dîme, et qu'il sera payé en sus deux centièmes, ce qui portait l'impôt de 20 °/₀ à 12 °/₀. Quant à la contribution fixe, il n'en est fait aucune mention : déjà, depuis un certain temps, son recouvrement avait dû être abandonné.

Malheureusement cette loi ne fut jamais exécutée, et le quint subsista dans le même état. Von Eschwège, en effet, dit que, lors de sa venue aux mines, en 1811, il fit tous les efforts possibles auprès du Gouvernement pour faire abaisser l'impôt à la dîme, mais sans y réussir, parce que le mauvais état des finances ne permettait pas de perdre la moitié du quint, qui allait sans cesse en diminuant. C'est à grand'peine qu'il put obtenir que, dans les statuts des Sociétés d'exploitation des mines d'or, fixés par *Carta Regia* du 12 août 1817, l'on introduisît un paragraphe réduisant le quint à la dîme au bout de deux ans, à compter du commencement des travaux, s'il était prouvé que ces travaux étaient exécutés au moyen de machines perfectionnées donnant de meilleurs résultats, et que chaque année la quantité d'or produite n'était pas inférieure à celles des deux premières années (1).

(1) Von Eschwege. *Pluto Brasiliensis.* Zweite Abtheilung. II Kapitel. Von dem Quinto d'Ouro (Goldfünften) und verschiedenen Arten dessen Entrichtung.

La valeur de l'impôt peut servir, jusqu'à un certain point, de base pour déterminer le degré de prospérité des mines d'or et l'importance de leur production depuis le jour de la découverte. Von Eschwège est arrivé à évaluer approximativement la quantité d'or payée au roi comme impôt à Minas, depuis l'année 1700 jusqu'en 1820. En voici le résumé, d'après le tableau qu'il donne dans son livre (1) :

Quantité d'or versée comme impôt, à Minas Geraes, de 1700 à 1820

De 1700 à 1713. Impôt du quint	13 arrobas	53 marcs
1714 à 1725. Impôt de contribution	312 »	32 »
1725 à 1735. Maisons de fonte	500 »	
1735 à 1751. Impôt de capitation	2.049 »	58 »
1751 à 1820. Maisons de fonte	4.255 »	18 »
Total	7.131 arrobas	33 marcs

D'après ces données, on voit que l'importance de l'impôt a été en croissant sensiblement depuis les premières années jusqu'en 1735 ; pendant la période de 1735 à 1751, elle a été en moyenne de 128 arrobas par an, puis de 1751 jusqu'en 1766, elle s'est maintenue presque constamment au-dessus de 100 arrobas, pour décliner ensuite graduellement et se réduire à deux arrobas en 1820. Ce serait donc pendant la période qui s'étend de 1735 à 1766, c'est-à-dire vers le milieu du siècle, que l'industrie des mines d'or aurait joui de la plus grande prospérité, et la décadence aurait commencé vers la fin du siècle, lorsque les mineurs abreuvés de vexations et rebutés par les difficultés d'exploitation, se seraient trouvés peu à peu réduits à abandonner leurs mines.

Pour se faire une idée, au moins approximative, de l'importance de la production, on peut se baser sur le total des impôts. Comme une arroba contient 64 marcs, ce total serait de 7 131,5 arrobas, soit 7 131,5 × 15 = 106 972 kilogrammes, ou près de 107 tonnes d'or.

(1) Von Eschwege. *Pluto Brasiliensis.* Dritte Abtheilung. IV Kapitel. Wieviel Gold Brasilien seit dem Jahr 1700 bis zum Jahr 1820 geliefert hat.

Admettant que l'impôt fût exactement la cinquième partie de l'or extrait, la production aurait donc été, pendant cette période de 120 ans, de 535 tonnes d'or.

Ce chiffre doit être considéré comme un minimum, car il faudrait y joindre la quantité d'or confisquée et celle exportée par contrebande ; elles devaient être assez importantes, à en juger par la quantité d'or en poudre confisquée pendant la seule période de 1700 à 1713, qui a été de 11,5 arrobas, presque égale à la valeur du quint pendant cette même période, et par les dispositions que l'on prenait constamment pour poursuivre les contrebandiers. En outre, si les mineurs s'opposèrent pendant longtemps à l'édification des maisons de fonte, où l'on devait prélever le quint, préférant payer annuellement une contribution fixe, c'est qu'ils devaient y trouver leur avantage, et que cette contribution ne représentait pas le cinquième de la production.

Ainsi donc, on peut admettre que la production a été pour le moins de 535 tonnes, ce qui représenterait un volume de près de 28 mètres cubes et une valeur de 1 605 millions de francs.

Cela donne par an en moyenne 4 450 kilogr. d'or, dont le volume serait le cinquième d'un mètre cube et la valeur un peu moins de 13,5 millions de francs.

---

§ 9. — Maisons de fonte et de change

Nous savons que l'établissement des maisons de fonte à Minas fut décrété par le roi D. João V (loi du 11 février 1710), mais qu'on ne commença à les édifier qu'en 1724, au nombre de quatre, à Villa-Rica, Sabara, S. João d'El-Rey et Villa-do-Principe, et qu'elles ne fonctionnèrent qu'à partir du 1er février 1725.

Chacune d'elles se composait de bureaux où l'or en poudre était reçu et gardé, d'une salle pour la fonte des barres et d'un laboratoire pour les essais. Celle de Villa-Rica était située dans les souterrains du palais du Gouverneur, les autres dans la maison de l'inspecteur.

Dans la salle de fonte, il y avait trois feux de forge à soufflet double mû par des nègres, un four à moufle en fer pour les essais et quelques caisses pour l'amalgamation.

L'installation de ces maisons était fort simple : par contre, il y avait un personnel très nombreux. En voici la nomenclature avec les appointements respectifs de chaque employé (1) :

Tableau du personnel des maisons de fonte

Nomenclature des employés	Appointements	
	pour 1 maison	p^r les 4 maisons
Juge du district comme inspecteur de la maison	400$000 réis	1:600$000 réis
1 caissier	800 000	3:200 000
1 comptable	800 000	3:200 000
1 contrôleur	800 000	3:200 000
1 scribe du bureau de fonte	700 000	2:800 000
1 essayeur	800 000	3:200 000
1 aide-essayeur	400 000	1:600 000
1 premier fondeur	800 000	3:200 000
1 second fondeur	400 000	1:600 000
1 huissier	300 000	1:200 000
1 greffier	300 000	1:200 000
11 personnes	6:500$000 réis	26:000$000 réis

(1) Von Eschwege. *Pluto Brasiliensis.* Zweite Abtheilung. IV Kapitel. Ueber die Goldschmelzhäuser in Brasilien.

En outre, la maison de Villa-Rica possédait :

1 maître de frappe	800$000 réis	800$000 réis
1 surveillant	600 000	600 000
1 troisième fondeur.................	400 000	400 000
14 personnes au total	8:300$000 réis	27:800$000 réis

Le personnel de chaque maison était donc de 11 personnes, sauf à Villa-Rica, où le nombre des employés était de 14, à cause de l'importance de la fonte ; ce qui faisait un total de 47 personnes touchant annuellement 27:800$000 réis. Toutes les dépenses pour la transformation de la poudre d'or en barres étaient au compte des finances royales ; on payait uniquement l'impôt, qui était prélevé directement sur la quantité d'or remise à la fonte.

L'or apporté par chacun était transformé en barres séparément. Le fondeur, après avoir reçu la partie à fondre, quint déduit, choisissait un creuset de capacité convenable, dans lequel il versait la poudre d'or et le mettait au feu muni de son couvercle, en le recouvrant de charbon de bois. Une fois le creuset à l'incandescence, il donnait le vent fortement pour fondre l'or, et, enlevant le couvercle, il versait peu à peu du sublimé corrosif, afin de produire la purification du métal. Il retirait ensuite avec une curette les quelques matières impures surnageant à la surface et arrêtait l'opération lorsque le bain apparaissait comme un miroir brillant, de couleur verte. Alors il retirait le creuset du feu et versait le liquide dans une forme ; la barre, suffisamment refroidie, était plongée dans l'eau et, avec un marteau, il en courbait une extrémité pour juger de sa malléabilité ; s'il ne se produisait pas de criques sur les bords, il considérait la fonte comme bonne ; au cas contraire, il recommençait avec une dose plus forte de sublimé, jusqu'à ce que le métal fût parfaitement malléable. La barre ainsi obtenue avait une couleur grise, due au mercure, qu'il faisait disparaître en la passant au-dessus d'un feu ardent.

Toutes ces opérations duraient à peine de 15 à 25 minutes.

Par ce procédé, il y avait une perte d'or importante, surtout quand les fondeurs menaient le travail rapidement, comme c'était souvent le cas. Aussi recueillait-on, à la fin de l'année, les dépôts des fumées dans la cheminée, ainsi que les cendres et les débris des creusets, pour les traiter à leur tour : le tout était pulvérisé dans des mortiers en fer, puis versé dans de petites caisses d'amalgamation en fer contenant un peu de mercure au fond et une quantité d'eau suffisante pour rendre la masse bien fluide ; un agitateur en fer, muni de deux bras en croix et mû par une roue à manivelle, maintenait en suspension les sables

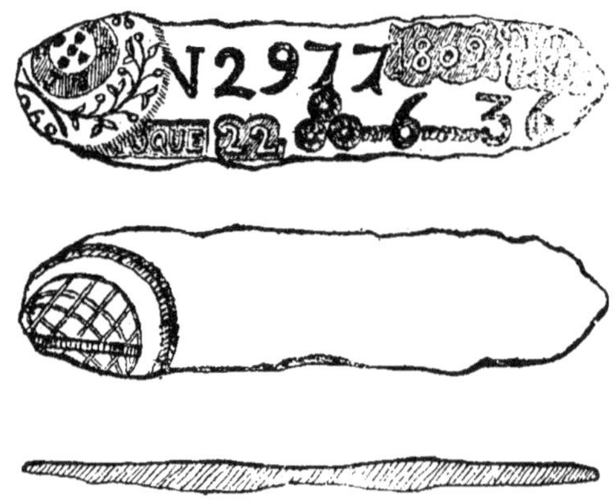

Fig. 21. — Face, revers et tranche d'une barre d'or frappée à Villa-Rica (grandeur naturelle).

qu'une circulation d'eau entraînait hors de la caisse, tandis que les parcelles d'or plus lourdes s'amalgamaient au contact du mercure en tombant dans le fond (1).

Malgré cela, la perte était encore élevée : Von Eschwège l'évaluait à 2,5 °/₀ de l'or fondu.

L'or provenant des quints était gardé dans un coffre spécial et fondu semestriellement ou annuellement.

Lorsqu'une personne apportait de l'or à fondre, on notait son nom sur un registre, on pesait la poudre en sa présence et

(1) Von Eschwege. *Pluto Brasiliensis.* Zweite Abtheilung. IV Kapitel.

l'on en déduisait le quint ; le reste était fondu et coulé en barre, quelle que fût la quantité. La barre passait ensuite entre les mains de l'essayeur, qui en déterminait le titre et y appliquait, d'un côté les armes royales, le numéro d'ordre, l'année, la marque de la maison de fonte, le titre et le poids de la barre, et les mots, *por ensaio* ou *por toque*, suivant que le titre avait été déterminé à l'essai ou à la touche ; de l'autre côté, il la marquait des armes du Brésil (fig. 21).

Comme le titre de l'or des principales mines était très connu, on se contentait le plus souvent de le determiner à la touche.

Une fois la barre marquée, elle était remise à son propriétaire avec un permis de circulation (*guia*), sur lequel étaient inscrits son nom, la quantité d'or remise par lui et celle prélevée pour le quint, le numéro de la barre et les diverses marques qu'elle portait. La figure 22 représente la guia de la barre d'or précédente.

Cette guia, enregistrée sur un livre spécial de la maison de fonte, devait toujours accompagner la barre ; elle servait à en certifier l'authenticité.

La barre pouvait alors circuler comme monnaie courante à l'intérieur, mais lorsqu'elle était destinée à l'exportation, on devait la présenter aux registres établis sur les chemins aux limites de la Capitainerie, pour y faire enregistrer la guia ; c'était un moyen d'empêcher le passage en contrebande des barres qui n'avaient pas satisfait au quint et qui ne pouvaient circuler à Minas faute de guia, alors qu'on trouvait facilement à les vendre dans les ports de mer.

Comme le mineur avait à supporter une réduction importante sur la quantité d'or portée aux maisons de fonte, tant par le quint que par la perte à la fonte, la contrebande avait beau jeu. Aussi, pour y mettre un frein, outre les registres des chemins et les patrouilles qui circulaient constamment par la campagne, des peines sévères furent-elles édictées, à diverses reprises, contre les contrebandiers. Par la loi du 3 décembre 1750, il était décrété que toute personne, qui emporterait hors du district des mines, de l'or en poudre ou en barre non fondue dans une des maisons de fonte, encourrait la confiscation totale de cet or, au profit des coffres du quint, à moins qu'il n'y eût

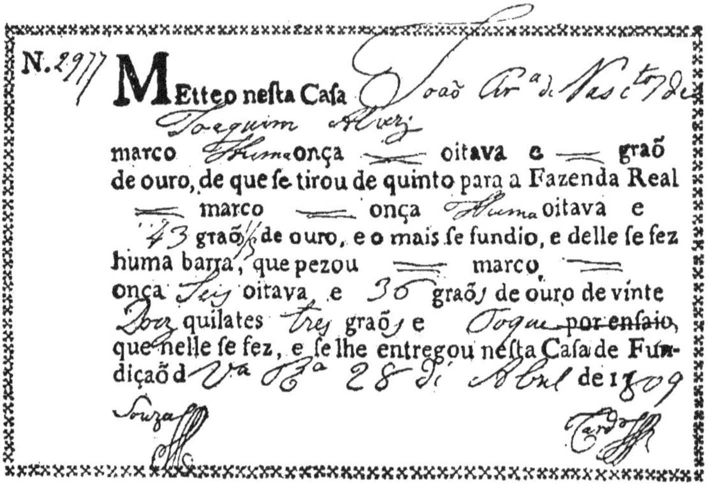

N. 2977 Metteo neſta Caſa João Pr.ª de Nas.to de
Joaquim Alvez
marco Huma onça — oitava e — graõ
de ouro, de que ſe tirou de quinto para a Fazenda Real
— marco — onça Huma oitava e
43 graõs 1/5 de ouro, e o mais ſe fundio, e delle ſe fez
huma barra, que pezou — marco —
onça Seis oitava e 36 graõs de ouro de vinte
Doiz quilates tres graõs e Toque ~~por enſaio~~,
que nelle ſe fez, e ſe lhe entregou neſta Caſa de Fundição de Vª Rª 28 de Abril de 1809
Souza Cardoso

TRADUCTION

N. 2977

A été mis dans cette maison par João Pereira de Nascimento de Joaquim Alvez.

marc une *once = octave et = grain d'or, dont on a tiré de quint pour les Finances Royales = marc = once* une *octave et* 43 *grains* 1/5 *d'or, et le reste a été fondu et l'on en a fait une barre, qui a pesé = marc = once* six *octaves et* 36 *grains d'or de vingt*-deux *carats* trois *grains et* touche *qui en a été fait, et elle lui a été remise dans cette Maison de Fonte de* Villa-Rica le 28 avril 1809.

Souza. Cardoso.

Fig. 22.— *Guia* de la barre d'or.

dénonciation, auquel cas le dénonciateur toucherait la moitie de l'or confisqué. Par l'*Alvara* du 13 mai 1803, les peines contre le contrebandier étaient encore plus dures : la première fois il perdait le double de la valeur de l'or détourné, dont un tiers revenait au dénonciateur, un autre tiers à celui qui avait fait la prise, et le reste aux coffres royaux ; la seconde fois, le quadruple de la valeur, qui était réparti de la même manière, et il était expulsé de la Capitainerie ; s'il y rentrait sans avoir été gracié, il était déporté en Afrique.

En outre, pour circonscrire encore plus la circulation de l'or en poudre et rendre ainsi la contrebande plus difficile, il fut décrété, par *Alvara* du 1er septembre 1808, que des maisons de change seraient établies dans les villes ou villages voisins des centres miniers, où les mineurs et les orpailleurs devraient échanger leur poudre d'or ou retirer un permis pour la transporter hors des limites du district de la maison de change. Le changeur payait seulement une fraction de l'or reçu, le reste n'était réglé qu'après la fonte en barre, déduction faite de l'impôt et des pertes d'affinage. Tous les trois mois environ, des officiers royaux passaient dans les maisons de change pour recueillir l'or. Les changeurs étaient choisis parmi les négociants méritant quelque confiance ; ils touchaient pour leur travail 1/2 % de l'or reçu et jouissaient de quelques prérogatives. La poudre d'or apportée aux maisons de change n'était acceptée que lorsqu'elle présentait un degré suffisant de pureté, sinon elle était rendue à son propriétaire, afin qu'il en fasse la purification, à moins qu'on ne s'aperçût de quelque supercherie et que la poudre ne fût falsifiée par addition de matières étrangères, mica ou limailles de laiton, par exemple, comme cela se présentait assez souvent, auquel cas le tout était confisqué. Aussi chaque changeur devait-il être muni des quelques instruments nécessaires à un examen sommaire de l'or, lui permettant de démasquer la fraude.

L'établissement des maisons de change avait au moins cet avantage d'éviter, dans le commerce, les pertes d'or dues aux continuelles pesées de la poudre pour les paiements, sans compter la gêne pour l'acheteur de circuler constamment une balance à la main. Par contre, il venait encore grever les finances royales d'un surcroît de dépenses par la création d'emplois nouveaux, et cela au moment où la rentrée des quints allait constamment en diminuant. Déjà, les maisons de fonte, avec leur luxe d'employés, arrivaient à peine à couvrir leurs frais et, dès 1820, leurs recettes n'étaient plus suffisantes pour payer les dépenses du personnel : nous avons vu, en effet, que les employés des quatre maisons de fonte, coûtaient annuellement au gouvernement près de 28 contos de réis ; l'oitava d'or valant à cette époque 1$500 réis, cette dépense représentait un poids de 67 kilogr. d'or environ, tandis que le total des quints s'élevait, en 1820, à 2 arrobas, ou 30 kilogr., moins de la moitié du chiffre précédent.

Si ces divers moyens de combattre la contrebande donnèrent quelques résultats problématiques, ils apportèrent beaucoup d'entraves aux transactions des mineurs, et certainement les continuelles vexations jointes aux impôts onéreux qu'ils eurent à supporter, furent une des principales causes de la décadence de l'industrie des mines.

CHAPITRE V

LÉGISLATION DES MINES D'OR AU TEMPS DES COLONIES PORTUGAISES

§ 10. — Revue sommaire de la législation des mines d'or jusqu'en 1822

Bien avant la découverte de l'or à Minas Geraes, on avait eu la preuve de son existence au Brésil : en 1590, un certain Affonso Sardinha avait trouvé de l'or dans la Serra de Jaragua, sur le territoire de San Paulo. Aussi, dès que cette nouvelle arriva au Portugal, le gouvernement se préoccupa-t-il de réglementer l'industrie des mines dans sa colonie ; d'où la promulgation successive d'un PREMIER RÉGIME DES TERRES MINÉRALES DU BRÉSIL DU 15 AOUT 1603 et d'un DEUXIÈME RÉGIME DU 8 AOUT 1618. Dans ces deux lois, qui concernaient principalement les mines d'or, il était fait un exposé minutieux des conditions auxquelles devaient se soumettre les personnes occupées à la recherche et à l'exploitation des gisements et dépôts aurifères. C'est ainsi que, dans la première, il était spécifié que toute personne découvrant un gisement avait le droit d'exploiter une mine d'une surface rectangulaire de 80/40 *varas*, perches de 5 palmes,

(88/44 mètres ou 3 872 mètres carrés), comme inventeur, et une autre de 60/30 *varas* (66/33 mètres ou 2 178 mètres carrés), comme exploitant ; le reste du gisement devait être réparti entre les diverses personnes qui désireraient en faire l'exploitation, à raison d'une part d'exploitant de 60/30 *varas* pour chacune d'elles. Dans la seconde, pour favoriser les découvertes, il était accordé à l'inventeur une récompense de 20 cruzados, en sus de sa part, qui était portée à 80/40 brasses de 10 palmes (176/88 mètres ou 14 488 mètres carrés), et d'une part ordinaire d'exploitant. Dans chaque district minier, un *provid r des mines* était chargé de faire l'application de ces règlements ; ce qui lui était à peu près impossible, vu l'étendue du territoire placé sous sa direction. Aussi ces lois n'ont-elles jamais été bien exécutées ; elles ont dû, au reste, produire peu d'effet sur la découverte des mines, car l'on voit plus tard le roi, par *Carta Regia du 18 mars 1694 au gouverneur et capitaine général du Brésil*, promettre honneur et richesses, avec titre de noblesse, à ceux qui découvriront des mines riches d'or et d'argent.

La première loi qui eut une véritable application et dont la plupart des articles restèrent longtemps en vigueur, avec les altérations faites postérieurement, est le RÉGIME DES SURINTENDANTS, GUARDAS-MORES ET OFFICIERS DÉPUTÉS AUX MINES D'OR, DU 19 AVRIL 1702. Elle met bien en évidence ce fait, que les anciens mineurs commencèrent par exploiter les dépôts d'alluvions des rivières de préférence aux gisements des montagnes, car il n'y est fait mention que des premiers. Vu son importance, il convient d'en résumer les points principaux (1).

Le surintendant avait à sa charge la surveillance et la direction des gens qui travaillaient aux mines : il devait les mettre d'accord en cas de contestations et veiller à ce que les *guardas-mores* fissent le mesurage des terrains susceptibles d'être exploités, pour les répartir sous forme de *datas* entre les personnes qui en faisaient la demande ; au cas où les *guardas-mores* ne pouvaient suffire à ce travail à cause des grandes distances entre les terrains à mesurer, il nommait des *guardas menores* chargés de les substituer en certains points.

(1) FRANCISCO IGNACIO FERREIRA. *Repertorio juridico do mineiro*. Rio-de-Janeiro, 1884.

Lorsqu'une rivière aurifère venait d'être découverte, le guarda-mor prévenu commençait par en déterminer la longueur en brasses ; il en faisait ensuite la répartition par datas carrées de 30 brasses (66 mètres) de côté ou 900 brasses carrées (4 356 mètres carrés) de la manière suivante : à l'inventeur revenait une première data au point choisi par lui, une seconde prise en bonne place était réservée pour la couronne, la troisième était accordée à l'inventeur, comme exploitant, à l'endroit qui lui convenait, et, si cet inventeur avait découvert quatre rivières aurifères, il avait droit, dans la dernière, à quatre datas, deux comme inventeur et deux comme exploitant; il était ensuite accordé, par voie de tirage au sort, une data à chacun des exploitants possédant au moins douze esclaves, ou une surface carrée de 2,5 brasses ($5^m,50$) de côté à ceux qui en avaient un nombre inférieur. Un exploitant ne pouvait obtenir une nouvelle data qu'après avoir terminé l'exploitation de la première; cependant, celui qui possédait plus de douze esclaves pouvait recevoir, s'il restait encore des terres à répartir une fois tous pourvus, une surface de 2,5 brasses par chaque tête de nègre en sus.

Le guarda-mor tenait un livre, parafé par le surintendant, sur lequel il inscrivait toutes les rivières avec la date de leur découverte, le jour de leur répartition en datas et surfaces de terres avec les noms des possesseurs respectifs, ainsi que les limites et bornes apposées ; il en était ensuite tiré un acte, que signait le guarda-mor et chacun des mineurs ayant reçu une data.

Au cas où le possesseur d'une data n'en avait pas commencé l'exploitation dans les quarante jours qui suivaient la répartition, elle était confisquée au profit de la couronne, à moins qu'il ne pût fournir la preuve d'un empêchement à cause de la trop grande distance ou par suite de mauvais temps, de manque de vivres ou de maladie. Il ne pouvait vendre ses datas, sous peine d'amende, sauf en cas de perte de ses esclaves, après avoir été dûment autorisé par le surintendant ; si, par la suite, il voulait obtenir la jouissance d'une nouvelle data, il lui fallait d'abord prouver qu'il s'était procuré d'autres esclaves en nombre suffisant pour l'exploitation.

Les datas de la couronne et celles qui avaient été confisquées étaient mises aux enchères publiques pendant neuf jours; si, au bout de ce temps, il n'était pas fait de proposition acceptable, le surintendant les faisait exploiter au compte de l'Etat par des indiens placés sous la direction d'un mineur de confiance.

Les employés et officiers royaux ne pouvaient posséder de datas ni y avoir quelques intérêts ; ils recevaient un traitement fixe, qui était prélevé sur le produit des dîmes payées par les mineurs entre lesquels avaient été réparties les datas : cette dîme correspondait pour chaque data à la dixième partie du prix auquel avait été adjugée la data de la couronne, et, pour les mines de surface moindre, en proportion du nombre de brasses carrées. Les appointements de chacun étaient ainsi fixés :

Surintendant	3.500	cruzados	(1:400$000 réis).
Guarda-mor	2.000	»	(800$000 »).
Guarda-menor	1.000	»	(400$000 »).
Huissier	500	»	(200$000 »).
Greffier	500	»	(200$000 »).

Cette loi se terminait en autorisant le surintendant à suspendre l'exécution des articles pouvant porter préjudice aux finances royales et à soumettre au roi les points qui pourraient y être introduits sous forme d'additions. Et, comme elle lui donnait le droit de juridiction ordinaire, civile et criminelle sur toute l'étendue des mines, il était toujours choisi parmi les juristes, de sorte que les questions d'exploitation furent le plus souvent mal réglées, au grand détriment des mineurs.

Peu après la promulgation de ce régime parurent quelques additions dans quatre CARTAS REGIAS DU 17 MAI 1703, au dezembargador José Vaz Pinto surintendant des mines d'or.

Par la première, il était accordé à chacun des compagnons de l'inventeur, une fois le choix fait de sa seconde data, une surface carrée de 5 brasses (11 mètres) de côté, sans préjudice de leur droit d'exploitant à la répartition ; après cela, et avant de procéder à la distribution des datas, il était concédé au surintendant d'abord, au guarda-mor ensuite, de faire choix chacun d'une data pour leur propre compte.

Par la deuxième, il était permis au surintendant d'exploiter les datas dont il avait la jouissance, tout en continuant à toucher les appointements fixés par le régime précédent ; la même permission était accordée aux guardas-mores et autres officiers des mines, mais leur traitement fixe était supprimé, et partant cessait la contribution établie dans ce but, que l'on prélevait sur les mineurs pour chaque data à la répartition.

Par la troisième, les guardas-mores étaient autorisés à nommer, pour les remplacer sur les points éloignés, des guardas-mores substituts, ayant droit aux mêmes prérogatives.

Par la quatrième, il était décrété, sur les représentations du surintendant, que, par suite du préjudice qui résulterait, pour les finances royales, de faire directement l'exploitation des datas qui n'avaient pas atteint une enchère acceptable, celles-ci seraient données à des mineurs de confiance, sous la condition que la moitié de l'or extrait reviendrait à la couronne.

Jusqu'en 1721, le régime des mines souffrit seulement des modifications peu importantes.

BANDO DU 10 FÉVRIER 1714 DU GOUVERNEUR D. BRAZ BALTHAZAR DA SILVEIRA.— Les mineurs étaient autorisés à couper les bois nécessaires pour leurs travaux dans les propriétés voisines, données à leurs propriétaires par *carta de sesmaria*, carte d'investiture d'une portion de terres incultes pour l'agriculture et l'élevage, sous peine d'une amende de 200 oitavas (717 grammes) d'or, s'ils s'y opposaient.

BANDO DU 22 FÉVRIER 1714 DU GOUVERNEUR D. BRAZ BALTHAZAR DA SILVEIRA.— Quiconque faisait des découvertes de mines ne pouvait les exploiter clandestinement sous peine d'une amende de 600 oitavas (2 151 grammes), dont un tiers revenait au dénonciateur, et de deux ans de prison dans la forteresse de Barra-dos-Santos.

ORDRE ROYAL DU 12 JANVIER 1720.— Il recommendait au Gouverneur de ne pas altérer le régime des surintendants, guardas-mores, etc.

ORDRE ROYAL DU 24 FÉVRIER 1720. — Il faisait répartir les eaux des ruisseaux, entre les mineurs, par le guarda-mor, avec recours au surintendant des parties qui se trouvaient lésées.

Nous arrivons à une ordonnance du gouverneur qui a son importance, par la raison qu'elle traite pour la première fois de l'exploitation des mines situées dans les montagnes.

BANDO DU 26 SEPTEMBRE 1721 DU GOUVERNEUR D. LOURENZO DE ALMEIDA.— Tous ceux qui le voulaient étaient autorisés à ouvrir des mines aux flancs des montagnes et aux endroits où les datas n'étaient pas distribuées, avec la condition que toute galerie ne pouvait être percée qu'à 40 palmes (8^{m},80) de la voisine et, en cas d'abandon, devait être remblayée pour éviter les éboulements, sous peine de deux mois de prison.

Les travaux de mines dans les montagnes prenant un certain développement, il fut bientôt nécessaire d'introduire une réglementation spéciale pour l'exploitation de ces nouveaux gisements. C'est de cette époque que datent probablement, d'après d'Eschwège, les ALTÉRATIONS A LA LOI DE 1702, dont on ignore la date (1).

Voici, en résumé, les principales modifications introduites par ce nouveau décret :

Lorsqu'un gisement était découvert dans les montagnes, il était procédé à la distribution, comme de coutume ; l'inventeur recevait d'abord une data, une seconde était réservée à la couronne, et la troisième revenait à l'inventeur, avec promesse, s'il faisait une nouvelle découverte, de recevoir encore plus de terrain, même s'il possédait peu d'esclaves, pour exciter les mineurs à faire des recherches. Si l'inventeur était assisté de plusieurs compagnons, chacun d'eux recevait une data de 30 brasses (66 mètres) de côté ou 900 brasses carrées (4 356 mètres carrés).

Lorsque les mineurs étaient obligés d'ouvrir un long canal peur amener dans le haut de la montagne l'eau nécessaire au lavage des terres aurifères de leur exploitation, les guardas-mores substituts devaient leur mesurer tout le terrain qu'ils réclamaient dans ce but.

Au cas où la découverte d'un gisement était faite dans un endroit privé d'eau, l'inventeur devait en aviser le guarda-mor,

(1) VON ESCHWEGE. *Pluto Brasiliensis*. Zweite Abtheilung. I Kapitel. Anszug der bergmännischen Gesetzgebung für die Goldgräbereien und Wäschereien,

qui procédait à une enquête, pour savoir s'il n'y avait pas possibilité d'en amener. S'il en trouvait, il faisait la répartition en datas ; dans le cas contraire, il répartissait le terrain entre les mineurs, d'après le mode d'exploitation employé par eux. Lorsqu'ils cherchaient à atteindre le gisement par galeries horizontales, ils avaient droit à 60 palmes (13^m,20) de chaque côté, à droite et à gauche, en haut et en bas, pour pouvoir percer des galeries de traverse. A ceux qui faisaient l'exploration au moyen de puits, il était mesuré 60 palmes tout à l'entour du puits pris comme centre ; il en était de même pour ceux qui s'enfonçaient par galeries inclinées, et, lorsqu'ils avaient atteint le gisement et qu'ils voulaient l'exploiter horizontalement, ils recevaient une part égale aux premiers.

Le guarda-mor devait faire inscrire sur son registre par le greffier : la date de la répartition du terrain, les actes de concession ou *cartes de datas*, la localité et les limites des concessions marquées aux quatre coins par un poteau, enfin la distribution des eaux.

Les datas appartenant à la couronne devaient être vendues publiquement au plus offrant.

Le mineur, possesseur d'une mine, pouvait la vendre avec ses esclaves, après en avoir obtenu l'autorisation du guarda-mor ou du surintendant. Si, au contraire, il avait complètement épuisé sa mine et qu'il trouvait, pour occuper ses esclaves, un terrain susceptible d'être exploité à l'aide de l'eau superflue d'un voisin, il pouvait se faire donner cet excès d'eau par le guarda-mor, qui lui mesurait sur le terrain requis une data de 30 brasses (66 mètres) de côté, sous condition de ne causer aucun dommage au propriétaire du canal ; et, au cas où il découvrait un gisement riche, il pouvait s'associer avec ce dernier pour faire l'exploitation en commun.

Les propriétaires fonciers n'avaient pas le droit d'empêcher les mineurs de couper dans leurs forêts les gros bois dont ils avaient besoin pour leur exploitation ; mais si quelqu'un venait en couper sous prétexte de les employer aux mines, il était puni conformément aux lois. Il était, en outre, défendu, sous peine d'amende, de couper des bois dans le voisinage des sources à moins de 500 palmes (110 mètres) de distance, pour assurer la conservation des eaux,

Lorsqu'il s'élevait une contestation entre des mineurs, le guarda-mor, aidé de son greffier, devait faire une enquête pour décider la question, et tous deux recevaient une *dieta* (salaire) journalière, qui leur était payée par les parties. On pouvait en appeler au surintendant, qui faisait lui-même une nouvelle enquête et qui recevait pour cela, ainsi que son greffier, les dietas respectives auxquelles ils avaient droit de la part des intéressés ; de sa décision, on ne pouvait appeler qu'auprès des tribunaux supérieurs. Par contre, l'autorisation, accordée aux employés et officiers royaux, de pouvoir posséder et exploiter des mines leur était retirée.

Après ce nouveau règlement, il n'est plus fait que quelques ordonnances y apportant diverses modifications, jusqu'à ce que paraisse la loi de 1803, destinée à instituer une nouvelle organisation de l'industrie des mines.

L'ORDRE ROYAL DU 17 DÉCEMBRE 1734 recommandait de ne pas empêcher de faire de nouvelles découvertes sur les terres incultes.

Par suite du grand nombre de guardas-mores et de greffiers nommés, il s'était produit de grands abus dans leur manière de percevoir leurs émoluments et leurs frais de voyage. Aussi, pour y mettre arrêt, parut-il, au commencement de 1736, un BANDO DU GOUVERNEUR GOMES FREIRE DE ANDRADE, déclarant que dorénavant, lorsqu'ils feraient une enquête ou répartition de terrains, les guardas-mores ou substituts ne pourraient percevoir pour leurs émoluments plus de 6 oitavas (21 grammes) d'or, leurs greffiers, 3 oitavas (10gr 5), et ne toucheraient pour leurs frais de déplacement, respectivement, que 3 et 2 oitavas (10gr5 et 7 grammes) par jour ; en outre, s'ils faisaient plus d'une enquête par jour, sur le même point, ils devaient ne compter qu'un demi-jour pour chaque enquête et répartir les frais de voyage entre toutes. Pour l'inscription et l'enregistrement d'une carte de datas, il était accordé au guarda-mor ou substitut et à son greffier, à chacun, une demi-oitava (1gr8).

Ce même gouverneur fit paraître peu après, avec l'autorisation du roi, en attendant qu'il fût fait un nouveau régime, un BANDO DU 13 MAI 1736 ADDITIONNEL AU RÉGIME DES SURINTENDANTS ET GUARDAS-MORES DES MINES. Il réduisait le nombre des guardas-mores substituts. Il était accordé des cartas de datas pour les eaux, et il devait être observé pour leur répartition et leur enregistrement les règles appliquées aux terres minières. Si un mineur faisait une demande de terrains ou d'eaux, le guarda-mor commençait par vérifier sur son livre s'ils n'avaient pas été déjà concédés, et, en ce cas, il en faisait la répartition en datas d'après le nombre d'esclaves et le procédé d'exploitation du demandeur, marquant les limites avec des bornes ou des poteaux aux quatre angles. Quand on supposait que le guarda-mor avait accordé une étendue excessive de terrains, il était fait une expertise par des arbitres choisis par le surintendant parmi les guardas substituts voisins, afin de réduire raisonnablement le nombre des datas. Quand, pour une répartition, le guarda-mor était sujet à caution, le surintendant en désignait un autre d'office pour la faire. Si un exploitant avait un excès d'eau pour ses travaux, la quantité superflue pouvait être accordée à un autre aux conditions observées pour les terres. Si les eaux d'une exploitation disparaissaient par le fait de l'ouverture d'une mine dans le voisinage à une distance de 200 palmes (44 mètres) en hauteur et 40 palmes (8^{m},80) en largeur, elles devaient être remises en l'état, et le mineur nouveau n'avait droit d'en user que pour un lavoir de 7 palmes (1^{m},55) de longueur sur 4 palmes (0^{m},90) de largeur. Comme les eaux des districts miniers devaient être employées de préférence pour l'exploitation des mines, elles ne pouvaient être utilisées pour une industrie ou pour l'agriculture que là où il n'y avait pas d'exploitation en activité. S'il se produisait un conflit ou une contestation, le guarda-mor était autorisé à mettre opposition aux travaux jusqu'à décision de l'autorité supérieure, qui punissait toute contravention. Dans le but d'empêcher les mineurs d'ouvrir une mine simplement pour la vendre, sans intention d'en poursuivre l'exploitation, il était déclaré que si le mineur s'arrêtait dans ses travaux avant d'avoir percé un puits ou une galerie d'au moins 3^{m},30 et d'y avoir occupé un esclave pendant 40 jours consécutifs, il était déchu de tout droit sur la mine, sans autre formalité ; au cas contraire, la déchéance ne pouvait être prononcée qu'après notification et sentence.

Au sujet des bois et forêts, il était fait diverses prohibitions. Dans les industries, il n'était pas permis de brûler les bois pouvant servir à fabriquer des batées ou mesurant 10 palmes

(2^m,20) de tour. Tout propriétaire foncier qui faisait des défrichements en forêts vierges, devait réserver une bande de 200 palmes (44 mètres) de largeur sur chaque côté, qui ne pouvait être abattue sans l'autorisation du Gouverneur, sous peine de se voir confisquer cette bande au profit du voisin et d'avoir à payer une amende de 50 oitavas (179 grammes) pour le dénonciateur ; et si les deux voisins se trouvaient en contravention, ils payaient une amende double. Le propriétaire ou concessionnaire de terrains boisés devait conserver, outre les bandes prescrites, la dixième partie de ses bois, dont une moitié sur les bords des ruisseaux qui y passaient, et ne pouvait empêcher les mineurs des exploitations voisines d'y couper les bois nécessaires à leurs travaux, le tout sous les mêmes peines. De plus, il était défendu de s'approprier des terrains, sans en obtenir la concession du gouverneur, sous peine d'une amende de 200 oitavas (717 grammes).

Ces diverses déclarations, destinées à combler temporairement de nombreuses lacunes relevées dans la législation des mines,servirent plutôt à en augmenter la confusion. Ce fut encore pis, lorsque parut une CARTA REGIA DU 29 FÉVRIER 1752, qui accordait au mineur, possédant pour le moins 30 esclaves, le privilège de ne pouvoir être engagé pour ses dettes ni de se voir confisquer ses esclaves. Cette loi suscita beaucoup d'injustices et acheva de ruiner le crédit des mineurs.

Nous arrivons ainsi jusqu'à la fin du siècle, sans qu'il soit pris de mesures judicieuses en vue d'améliorer les travaux de mines, malgré la diminution croissante de la production de l'or. Ce ne fut qu'après le retour d'Andrade et de Camara, envoyés en mission à Minas, que ceux-ci, ayant reconnu que la décadence des mines était due à une mauvaise législation et à l'ignorance des mineurs, furent chargés de jeter les bases d'une nouvelle loi, promulguée ensuite sous le titre de *Alvara du 13 mai 1803, traitant de l'administration des mines d'or et de diamants du Brésil,* dont nous allons indiquer les passages les plus intéressants.

ALVARA DU 13 MAI 1803, TRAITANT DE L'ADMINISTRATION DES MINES D'OR ET DE DIAMANTS DU BRÉSIL (1). — Nous ne

(1) FRANCISCO IGNACIO FERREIRA. *Repertorio juridico do mineirc.*

résumerons des articles de cette loi que ceux qui concernent l'exploitation des mines d'or.

ART. 1er.— *De l'établissement d'une administration des mines et des monnaies à Minas Geraes.* — Il était créé dans la Capitainerie de Minas Geraes une administration royale des mines et des monnaies, composée du Gouverneur, comme président, d'un intendant général des mines, de l'Ouvidor général de Villa-Rica comme juge conservateur des métaux, du Providor de la maison des monnaies, de deux députés experts en minéralogie, d'un ou deux ingénieurs des mines et de deux mineurs choisis parmi les plus habiles. Ils devaient se réunir tous les ans pour l'expédition des affaires : prononcer sur les recours en appel des décisions et arrêts de l'intendant général et du juge conservateur, établir les tableaux de l'état économique des mines, de leur production et dépendances, et les états de comptes de l'administration.

Il était dit, en outre, que toutes les faveurs ou privilèges accordés jusqu'à ce jour aux mineurs étaient maintenus, sauf dérogation introduite par cette loi.

ART. 6.— *Comment doit se faire la division des terres pour l'exploitation des mines, et des datas que l'intendant doit distribuer.*— Il était spécifié que, dans la répartition des terrains de mines, il devait être accordé la préférence aux habitants du district ou des districts voisins, et parmi eux, pour les parties importantes, aux compagnies ou sociétés, ou à leur défaut, aux mineurs habiles possédant le plus grand nombre d'esclaves. Les personnes absentes ne pouvaient prendre part à la répartition, par procuration, comme l'avaient souffert certains guardas-mores.

Tout le terrain devait être distribué, sans réserve aucune pour la couronne, et il était concédé à chacun une data de 15 brasses (33 mètres) de côté ou 225 brasses carrées (1 089 mètres carrés) par esclave possédé. A la répartition des terres devait assister l'intendant ou son représentant. Sur un registre spécial, signé par lui, étaient inscrits : le nom du mineur ou de la compagnie auxquels étaient concédées des datas, l'extension du terrain avec ses limites, le nombre d'esclaves destinés aux travaux, les conditions auxquelles était soumise l'exploitation. Une fois le terrain délimité, l'intendant faisait remettre une carte de datas au concessionnaire qui en prenait aussitôt possession.

Pour compenser la diminution dans la rentrée du quint, par suite de sa réduction à la dîme, tout concessionnaire possédant déjà une exploitation ou recevant un terrain minier devait payer au roi, à la fin de chaque trimestre, une redevance de 300 reis par data. S'il se trouvait en retard dans ce paiement, il était mis à l'amende d'une somme égale pour chaque trimestre écoulé et, au bout d'un an, sa mine était confisquée et cédée à celui qui en faisait la demande. En cas de suspension de travail pour motif admis par l'intendant général, la redevance était abaissée à 100 reis.

Une exploitation ne pouvait être vendue sans les esclaves qui y étaient attachés, à moins que l'acheteur ne possédât un nombre égal d'esclaves destinés à y travailler. Le contrat de vente était enregistré avec le nom de l'acheteur sur le livre de datas, ce qui permettait de vérifier s'il n'y avait pas des concessionnaires qui acquéraient des datas simplement pour les vendre après ; ceux-là, à la troisième cession, étaient déchus du droit d'obtenir des terrains. Cependant celui qui avait découvert un gisement était libre de disposer de ses datas d'inventeur comme il l'entendait, et pouvait les vendre, à sa volonté, sans les esclaves qui y travaillaient.

Une fois la répartition des datas terminée, tout concessionnaire devait commencer ses travaux dans les trois mois, sous peine de déchéance, et la concession pouvait dès lors être accordée par l'intendant à quiconque la réclamait et justifiait du nombre d'esclaves exigé pour l'exploitation. Lorsque le concessionnaire avait commencé ses travaux, il ne pouvait pas les interrompre sans justification auprès de l'intendant, qui en faisait part à l'administration : outre les causes naturelles, comme l'inondation, l'épidémie, il était admis l'absence complète de cascalho, la pauvreté de la mine notoirement reconnue, comme motif suffisant de l'abandon des datas concédées, avec droit d'en acquérir d'autres.

Art. 7.— *Des compagnies de mines et de leur organisation.* — Les terrains aurifères qui exigeaient des travaux importants pour leur exploitation, comme les gisements des montagnes, devaient être accordés de préférence par l'intendant à des compagnies, qui recevaient à cet effet une carte de datas portant les limites du terrain concédé. Une compagnie comprenait 128 actions, deux d'entre elles complètement libérées revenant, l'une aux finances royales, l'autre à la caisse d'économie des mines et fontes; le nombre d'esclaves employés ne devait pas être moindre de 252, ni supérieur à 1 008, de manière que chaque action représentait la valeur de 2 à 8 esclaves. Les divers frais étaient répartis entre les actions, sauf les deux libérées; les bénéfices étaient distribués également entre toutes, mais sur ce qui revenait à chacune des 126 actions des associés, il était prélevé une part, qui était versée dans la caisse de la compagnie, pour parer aux dépenses extraordinaires. Chaque compagnie devait avoir un directeur-mineur, chargé de l'exploitation, et un comptable chargé de l'administration; ces deux employés proposés par la majorité des actionnaires devaient être agréés par l'administration des mines, dont ils dépendaient et qui était autorisée à prendre toutes les dispositions nécessaires à la bonne marche des travaux et à la prospérité des compagnies.

Art. 9. — *Des moyens de stimuler à faire de nouvelles découvertes et de l'utilisation des eaux et forêts.* — Les intendants devaient chercher à organiser des bandes ou des associations de personnes en vue de nouvelles explorations et leur accorder toutes les facilités, sous condition de désigner les contrées qu'elles comptaient battre, le nombre d'esclaves et de personnes emmenées, et, à leur retour, de rendre compte de leurs recherches et de remettre l'or extrait. Quand une découverte était faite, la distribution des terres se faisait d'après le mode établi à l'article 6, et il était accordé à l'inventeur une data carrée de 30 brasses de côté, comme récompense, sans préjudice de celles auxquelles il pouvait prétendre comme exploitant, d'après le nombre d'esclaves dont il disposait. Si la découverte était faite par une bande ou un groupe d'individus, chaque membre avait droit à une même récompense, évaluée par l'intendant et les experts d'après le service rendu.

Lors de la repartition d'un terrain, l'intendant devait faire rechercher les eaux, qui pouvaient servir aux travaux, et il les faisait amener sur place aux frais des concessionnaires qui en profitaient. Si elles se trouvaient sur une propriété cédée à des colons et qu'elles ne servaient pas à manœuvrer des machines ou des moulins, on pouvait les utiliser pour les mines.

Pour empêcher la destruction des forêts, il était déclaré que tous les terrains boisés, en plaine et sans propriétaire, seraient dorénavant réservés pour utiliser leurs produits aux travaux des mines. Pour les forêts appartenant à des particuliers, lorsqu'il y aurait nécessité d'en retirer des pièces de bois, du bois à brûler ou du charbon, les propriétaires devaient les fournir aux prix fixés par l'intendant d'accord avec l'administration des finances. A l'administration des mines et, à son défaut, aux Gouverneurs appartenaient l'inspection et la conservation des bois et forêts.

Toutes contestations entre les mineurs au sujet des terres minières, eaux et forêts, étaient jugées par l'intendant ou son suppléant, avec appel devant l'administration des mines qui jugeait en dernière instance.

Nous savons déjà que cette loi resta, pour ainsi dire, à l'état de lettre morte : elle contenait de bonnes choses en théorie, mais ne s'accordait pas bien avec les conditions du pays ; en outre, le gouvernement manquait d'hommes entendus en la matière et ne possédait plus l'argent nécessaire pour organiser l'administration des mines.

Nous n'avons plus à enregistrer que quelques lois secondaires pour arriver à celle concernant les Sociétés de mines (1).

ALVARA DU 1er OCTOBRE 1811.— Recommandait la création de Compagnies pour une exploitation régulière des mines, à l'aide de machines propres à cette industrie.

ALVARA DU 17 NOVEMBRE 1813.— Étendait à tous les mineurs le privilège accordé, par le décret du 19 février 1752, à ceux qui possédaient au moins 30 esclaves.

---

(1) FRANCISCO MARIA DE SOUZA FURTADO DE MENDONÇA. *Repertorio geral das leis do Imperio do Brazil, desde o começo do anno de 1808 até o presente.* Rio de Janeiro, 1850.

Carta regia du 4 décembre 1816 au gouverneur de Minas, D. Manoel de Portugal e Castro.—Enonçait les mesures à prendre au sujet des datas minérales et de l'achat de l'or extrait des mines. Un article mentionnait que la distribution des terrains aurifères devait être faite à tous ceux qui en réclamaient, en donnant à chacun, libre ou esclave, une data carrée de 15 brasses (33 mètres) de côté.

Enfin, sur les conseils répétés du baron Von Eschwège, envoyé à Minas Geraes pour examiner l'état des mines, le Gouvernement se décida à s'occuper d'une manière un peu moins platonique de la création de Compagnies de mines, et adressa dans ce but une *Carta Regia du 12 août 1817 au Gouverneur D. Manoel de Portugal e Castro*, autorisant la formation de Sociétés par actions pour l'exploitation des gisements aurifères, et établissant les statuts qui devaient leur être appliqués.

Ces statuts, qui avaient été dressés par Von Eschwège, parurent après avoir subi plusieurs modifications. En voici le résumé :

Statuts des sociétés de mines (1). — Les Sociétés ne pouvaient s'organiser qu'avec l'autorisation du Gouverneur. En attendant la création d'un Conseil d'administration, comme l'ordonnait l'Alvara de 1803, un inspecteur général des mines de toutes les Sociétés, nommé par le Roi, avait la direction de leurs exploitations et pouvait se faire assister d'un suppléant en chacune d'elles. Le fonds social était formé d'actions d'une valeur chacune de 400$000 reis en argent ou de 3 esclaves jeunes et bien conformés, âgés de 16 à 26 ans, acceptés par l'inspecteur général ; chaque Société devait comprendre un nombre d'actions de 25 au moins et de 128 au plus, suivant l'importance du gîte, et ne posséder qu'au plus 1008 esclaves, comme le voulait l'Alvara de 1803.

Les terrains aurifères qui seraient découverts à l'avenir devaient être de préférence concédés à des Sociétés ; aussi était-il défendu au guarda-mor de faire la répartition des terres et des eaux sans en prévenir préalablement l'inspecteur,

(1) Francisco Ignacio Ferreira. *Repertorio juridico do mineiro*, Rio-de-Janeiro, 1884.

qui examinait s'il y avait lieu d'organiser une Société, et, dans ce cas, devait le faire dans les six mois, sinon, au bout de ce temps, le guarda-mor pouvait répartir les terrains suivant le système habituel.

Quand l'inspecteur avait reconnu la nécessité d'exploiter une mine par une Société, le guarda-mor devait procéder à la démarcation des terrains et enregistrer la carte de datas correspondante ; mais si, dans les six mois, la Société n'avait pas commencé ses travaux, la concession était déclarée caduque, et le terrain pouvait être réparti entre les personnes qui en faisaient la demande, suivant les règles établies à l'article 6 de l'Alvara de 1803.

L'inventeur d'un gîte minéral, concédé à une Société, devait recevoir comme récompense les bénéfices correspondant à la valeur d'une action.

Si des terrains miniers, susceptibles d'être exploités par une Société, étaient la propriété de personnes qui les laissaient dans l'abandon, le Gouverneur leur intimait d'avoir à ouvrir, dans les six mois, l'exploitation régulière de ces terrains, sous peine de perdre leurs droits au profit de la Société, à laquelle était transmise la carta de datas avec la déclaration des eaux ; il était toutefois accordé à l'ancien possesseur les bénéfices correspondant à 1/3, 2/3 ou une action, suivant la richesse et l'extension des terrains. Cependant, si ces terrains avaient été acquis par achat, ou par héritage, ou comme prix de quelque service, en ce cas ils étaient évalués à dire d'expert et achetés à leur valeur, ou bien le propriétaire entrait dans la Société avec ses terrains comme apport, sans perdre pour cela ses droits de propriété en cas de liquidation.

On devait réserver pour les finances royales les bénéfices correspondant à la valeur d'une ou deux actions par Société formée d'un nombre de moins ou de plus de 64 actions, afin de compenser les sacrifices faits par le Roi au profit de ces Sociétés, comme la venue de maîtres-mineurs allemands destinés à propager les méthodes d'exploitation des mines.

L'inspecteur général était chargé d'organiser les services, de diriger les travaux et la construction des usines et machines nécessaires. Chaque Société avait une administration séparée, comprenant l'inspecteur général, un trésorier-payeur et un ou plusieurs directeurs de travaux, suivant l'importance des mines : le trésorier était nommé par une Commission des associés, à la majorité des votes, et les directeurs étaient choisis et nommés par l'inspecteur général, sauf approbation du Gouverneur; les mêmes formalités étaient nécessaires pour les destituer, en cas de mauvais services. Les surveillants et contre-maîtres étaient du choix de l'inspecteur, du trésorier et du directeur, ainsi que le teneur de livres chargé des écritures du trésorier.

Le coffre destiné à recevoir les fonds de la Société était placé sous la responsabilité du trésorier, qui en possédait une clef ; l'inspecteur et le directeur le plus ancien en possédaient aussi chacun une. Le trésorier devait remettre à chaque associé un reçu de l'argent ou des esclaves mis par lui dans la Société, afin qu'il puisse retirer les titres des actions correspondantes, signés par les trois administrateurs.

Une fois les fonds versés et les esclaves au complet, les administrateurs nommés entraient en fonction. S'il venait à manquer quelques esclaves, on pourvoyait à leur remplacement, en prélevant la somme nécessaire sur le fonds de réserve, et, pour ne pas compromettre la marche des travaux, on louait des journaliers jusqu'à ce que cet achat fût fait. Au cas où la plupart des esclaves mouraient et que les fonds se trouvaient insuffisants pour les remplacer, si les associés se refusaient à faire des avances dans ce but, il était procédé à la dissolution de la Société, par l'intervention du Gouverneur ; il en était de même si l'inspecteur général reconnaissait que les dépenses d'exploitation étaient supérieures à la production. Alors tout était vendu aux enchères publiques et le produit en était réparti entre les actionnaires ; quant au terrain, il était abandonné, à moins qu'il ne revint de droit à son premier propriétaire.

Si l'inspecteur général jugeait nécessaire de donner un plus grand développement aux travaux et que les fonds de la Société étaient reconnus insuffisants, il était fait un appel auprès des actionnaires, afin d'effectuer un nouveau versement, ou bien il était créé de nouvelles actions jusqu'à concurrence de la somme voulue et leur prix d'émission était fixé par les administrateurs pour qu'elles pussent jouir des mêmes avantages que les anciennes.

Une fois la Société formée, les actionnaires ne pouvaient en retirer leur argent ou leurs esclaves, mais ils étaient libres de transférer leurs actions à des tiers, à condition de prévenir les administrateurs.

A la fin de chaque année, il était fait une balance de l'état des fonds de la Société, afin que les administrateurs pussent fixer le dividende ; une copie en était remise au Gouverneur, qui l'adressait au Ministre et Secrétaire d'Etat des affaires royales, en lui présentant diverses propositions en vue des progrès de la Société.

Les affaires concernant les travaux d'exploitation des Sociétés devaient être réglées dans les plus brefs délais par les surintendants des mines, comme juges conservateurs de ces Sociétés.

Le Gouverneur était chargé de veiller à l'exécution de ces statuts, et de lever les doutes qui pouvaient se présenter.

Von Eschwège fut nommé inspecteur général. Il rencontra, dès le principe, de grandes difficultés pour former une petite Compagnie de mines, et c'est à grand'peine qu'il parvint à réunir 30 actionnaires. Il résolut d'abord d'établir son centre d'exploitation parmi une des mines abandonnées des montagnes de Villa-Rica, afin de ménager le petit capital mis à sa disposition et de pouvoir en même temps faire profiter de ses expériences les mineurs des environs. Malheureusement, la loi nouvelle n'ayant pas abrogé les anciennes, on lui suscita de telles chicanes qu'il se vit réduit à interrompre ses travaux , il essaya de les transporter sur d'autres points voisins, mais, ayant rencontré les mêmes embarras, il se décida à profiter de la mise aux enchères d'une mine réputée autrefois riche, près du village de Passagem, à une heure de Villa-Rica, pour l'acheter avec 20 esclaves, terrains et maison.

C'est là qu'il établit définitivement le siège de sa Compagnie et construisit un moulin de 9 pilons avec des tables de lavage. Il eut la satisfaction d'apprendre par la suite, après son retour en Allemagne lors de la révolution du Brésil, que cette Compagnie avait prospéré au point de pouvoir rembourser son capital au bout de quelques années (1).

---

(1) Von Eschwege. *Pluto Brasiliensis.* Erste Abtheilung. II Kapitel. Geschichte der Goldentdeckung, der Goldwäscherei und Gräberei in der Provinz Minas Geraes.

Cette loi sur les Sociétés de mines termine les diverses phases de la législation établie par les Portugais pour l'exploitation des gisements aurifères de Minas Geraes. Il résulte de tout ce qui précède que l'industrie des mines fut, pour ainsi dire, réglementée uniquement, durant tout le temps de la domination portugaise, par le régime du 19 avril 1702, avec ses altérations postérieures.

Nous arrivons maintenant à la période moderne, qui commence avec l'Indépendance, et que nous aurons à étudier dans la suite.

DEUXIÈME PARTIE

Exploitations modernes

CHAPITRE VI

MINES D'OR ET COMPAGNIES DE MINES

§ 11. — Aperçu général sur les mines d'or et les Compagnies de mines

Déjà un peu avant la révolution qui amena l'indépendance du Brésil, en 1822, l'industrie des mines d'or était entrée dans une nouvelle phase avec la formation de la petite Compagnie organisée par Von Eschwège, sous le nom de *Sociedade Mineralogica da Passagem*, dans le but d'exploiter le gisement de Passagem, près d'Ouro Preto. Comme le nouvel ordre de choses n'avait apporté aucune modification au régime des mines, nombre d'anciens exploitants continuèrent à travailler à leur manière les mines qu'ils possédaient de père en fils, comme on en trouve encore des exemples aujourd'hui ; mais, grâce aux facilités accordées peu après par le nouveau Gouvernement pour l'organisation des Sociétés étrangères, plusieurs gisements importants commencèrent dès lors à être mis en valeur par des Compagnies.

Nous avons réuni dans le *Tableau I*, à la fin de ce chapitre, les principaux gisements aurifères de Minas Geraes, en les classant suivant la nature de leur minerai et en indiquant leurs possesseurs actuels. Comme la plupart de ces gisements se trouvent compris dans un certain rayon autour d'Ouro Preto, la carte (fig. 23) permet de se rendre compte de leur position respective et des moyens d'accès pour y parvenir, sachant que l'on peut venir de Rio de Janeiro par le Chemin de Fer Central (ancien chemin de fer Dom Pedro II), qui va jusqu'à Santa Luzia et présente à S. Julião (station de Miguel-Burnier) une bifurcation pour Ouro Preto (de Rio de Janeiro à S. Julião, 500 kilomètres ; de S. Julião à Ouro Preto, 40 kilomètres), ou par le chemin de fer Leopoldina qui va jusqu'à Saude (de Rio de Janeiro à Saude, 552 kilomètres).

De ces divers gisements, ceux qui ont été exploités par des Compagnies, depuis 1822 jusqu'à nos jours, se trouvent groupés autour d'Ouro Preto et sont par conséquent inscrits sur la carte. Comme ce sont ceux qui offrent le plus d'intérêt, nous allons donner quelques détails sur les travaux exécutés par ces diverses Compagnies, en passant brièvement sur celles encore en exploitation, pour chacune desquelles il sera fait une étude spéciale dans les chapitres suivants.

Imperial Brasilian Mining Association (1824). — La première Compagnie de mines étrangère fut organisée par un anglais, Edward Oxenford, qui avait habité à Villa-Rica. Au moment de la fièvre de spéculation sur les mines qui se développa en Angleterre vers 1823, celui-ci résolut de mettre à profit sa connaissance des gisements aurifères d'Ouro Preto et obtint dans ce but, par décret du Gouvernement Impérial, l'autorisation de faire des travaux de mines au Brésil ; ce qui lui permit d'organiser à Londres, en 1824, une Compagnie, au capital de 350 000 livres sterling représenté par 10 000 actions de 35 livres sterling chacune, qui prit le nom de *Imperial Brasilian Mining*

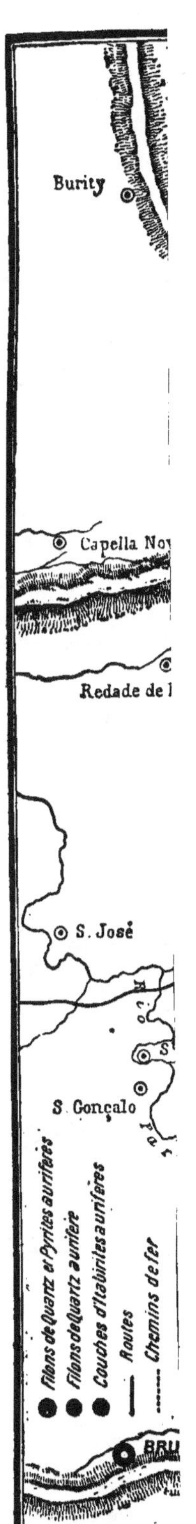
Burity
Capella
Redade de
S. José
S. Gonçalo
Filons de Quartz et Pyrites aurifères
Filons de Quartz aurifère
Couches d'Itabirites aurifères
Routes
Chemins de fer

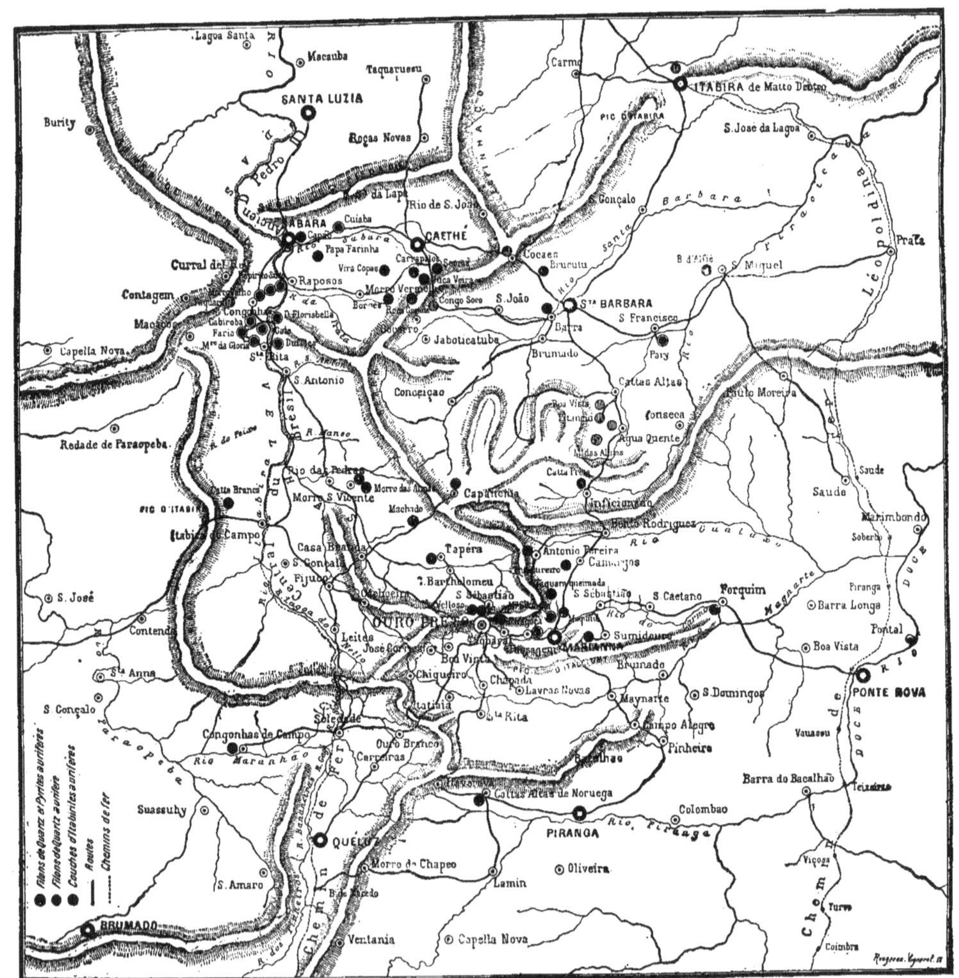

Fig. 23. — Carte des principaux gisements aurifères existant aux environs d'Ouro Preto.

Association. Il retourna ensuite au Brésil avec le capitaine de mine Trégoning, chargé par la nouvelle Compagnie d'examiner des mines d'or et d'en réaliser l'achat, s'il y avait lieu.

Ce dernier acquit ainsi pour le compte de la Compagnie, à un prix élevé, la propriété des mines de *Gongo-Soco* près de Caethé, de *Catta-Preta*, près d'Inficionado, et d'*Antonio-Pereira*, près d'Ouro Preto, ainsi qu'une partie des *terres aurifères de la Serra do Socorro*, dans le voisinage de Gongo. Voici, d'après Von Eschwège, les prix d'achat de ces diverses mines (1) :

Mine de Gongo-Soco.................	73.916 liv. st.
Mine de Catta-Preta..................	5.584 » »
Mine d'Antonio-Pereira..............	2.100 » »
Terres aurifères de la Serra do Socorro	2.158 » »
Total...............	82.758 liv. st.

De toutes ces mines la plus importante était celle de Gongo, où depuis le milieu du siècle dernier on exploitait un gisement de *jacutinga* aurifère réputé de très grande valeur. Situé dans une haute région au pied d'une montagne de fer, ce gisement aurait été découvert par un esclave (*congo*), qui pendant un certain temps garda son secret, mais ses absences fréquentes et les dépenses qu'il faisait attirèrent bientôt l'attention de ses compagnons; ceux-ci l'épièrent et le surprirent un jour dans un trou qu'il avait creusé, assis sur un monceau de terre aurifère dans la position d'une poule qui couve (*choca*) ses œufs ; d'où le nom de *Congo choco* que l'on aurait donné à l'endroit et qui par corruption serait devenu *Gongo Soco* (2).

Le premier propriétaire qui l'ait exploitée fut le colonel Manoel da Camara de Noronha; son fils la vendit, en 1808, à un portugais, le commandeur et capitaine-major (*capitão-mor*) José Alves da Cunha et à son neveu par alliance le capitaine major João Baptista Ferreira de Souza Coutinho (devenu plus tard

(1) VON ESCHWEGE. *Pluto Brasiliensis*. Erste Abtheilung. II Kapitel. *Berlim. G. Reimer edit. 1833.*

(2) VON ESCHWEGE. Ouvrage cité.

baron de Cattas-Altas) (1). Le premier y exécuta divers travaux à ciel ouvert et parvint vers 1818 à mettre à découvert une veine riche, au flanc du Morro do Tijuco, dont il aurait retiré en un mois 170 kilogrammes d'or. A sa mort, le baron, devenu seul propriétaire par suite d'arrangements de famille, continua à exploiter les découverts (*Talho Aberto*), qui s'étendaient sur près de 200 mètres de longueur avec une profondeur atteignant environ 40 mètres ; il fit percer trois courtes galeries, qui lui permirent d'atteindre le minerai riche, de sorte que dans les seuls mois de février et mars 1824 il en retira près de 200 kilogrammes d'or (2). Aussi, lors des négociations avec Trégoning, en 1825, pour l'achat de la mine, en demanda-t-il un million de cruzados (95 000 livres sterling) ; finalement il la vendit à la Compagnie pour 73.916 livres sterling (3).

Seule la mine de Gongo fut mise en exploitation dès le principe des opérations. Malgré les grandes dépenses d'acquisition des mines, le lourd impôt du quint fixé à 25 % par le Gouvernement Provincial, les frais d'un haut personnel nombreux tant en Angleterre qu'au Brésil et, au dire de Von Eschwège (4), la mauvaise direction imprimée aux travaux, la Compagnie passa par une ère de prospérité, grâce à la production vraiment extraordinaire de la mine. Les travaux souterrains exécutés dans la veine principale mirent à découvert des lignes tellement riches, véritables nids d'or (*bunches*), que le Cap. Lyon, surintendant de la mine de 1827 à 1830, cite le fait suivant dans un de ses rapports : le 21 janvier 1830, on apporta de la mine un chapeau de mineur rempli d'environ 4 litres de terre aurifère, dont on retira 10 kilogrammes de poudre d'or (5). Et ce cas ne fut pas unique, puisque l'on cite d'autres exemples de productions remarquables, qui ont été réalisées dans le courant des

(1) Captain Richard Burton. The Highlands of the Brazil. Vol. I p. 211. *London. Tinsley brothers edit. 1869.*

(2) Gardner. Reports of the Imperial Brasilian Mining Association. I (1826).

(3) Von Eschwege. *Pluto Brasiliensis.* Erste Abtheilung. II Kapitel.

(4) Von Eschwege. Ouvrage cité.

(5) Captain Lyon. Reports of the Imperial Brasilian Mining Association. VIII. p. 61.

années 1829 et 1830 avec du minerai extrait au même endroit de la mine :

Du 19 au 24 janvier 1829	58,8 kgr. en	6 jours
» 25 » 26 février »	47,6 »	2 »
» 22 » 28 septemb. »	193. »	6 »
» 21 » 22 janvier 1830	52,6 »	2 »
Total..................	347 kgr. en	16 jours (1)

Soit 21,7 kgr. d'or par jour.

Aussi, dès le commencement, s'empressa-t-on de percer le gîte en divers points au moyen de nombreux puits et les travaux prirent un tel développement que le personnel, qui dès la première année, en 1826, s'élevait à 450 personnes, dont 40 anglais, monta à 782 personnes en 1829 et à près de 800 en 1832 (183 européens, 207 brésiliens et 404 esclaves, en tout 794 personnes) (2). Il se forma rapidement en cet endroit un véritable village, prospère, avec son église, dont la maîtrise était réputée dans le pays. C'est sous cet aspect qu'elle apparut au naturaliste George Gardner, quand il arriva à la mine de Gongo en août 1840, lors de son voyage à l'intérieur du Brésil au district des mines. « La situation où elle se trouve ajoute beaucoup à « sa beauté ; elle occupe une étroite vallée, bornée au N. par « une haute Serra boisée qui s'enfuit vers Cocaes à l'O., et se « prolongeant au S. par une prairie aux faibles ondulations. « A l'exception de la vaste maison occupée par Mr. Duval, le sur- « intendant, les autres sont toutes à simple rez de-chaussée, bien « alignées suivant des rues, isolées et dispersées comme des *cottages* « anglais avec des parterres de fleurs et aussi des palmiers et « autres plantes tropicales. Près du centre du village, s'élève « une église, petite mais élégante, pour les travailleurs brési- « liens libres et les esclaves employés par la Compagnie. Un

(1) Henwood. Observations on Metalliferous deposits and on subterranean temperature. Vol. VIII of the Transactions of the Royal Geological Society of Cornwall. Penzance. 1871. Part II. Table VIII.

(2) Captain Richard Burton. Ouvrage cité, I. page 212.

« prêtre catholique est attaché à son service, et autrefois il y
« avait aussi un pasteur anglais. Dans ce village résident les
« chefs et la plus grande part des mineurs anglais. Les opéra-
« tions de la mine s'effectuent à un demi mille plus loin à l'O.
« et les maisons des esclaves sont situées près des travaux (1). »

Cette Serra, au pied de laquelle se trouve le gisement, fait partie du massif central de la Serra do Espinhaço. Tandis que les premiers propriétaires avaient creusé dans son flanc de vastes excavations, pour faire l'exploitation à ciel ouvert, principalement dans la partie qui reçut pour cela le nom de *Talho Aberto*, la Compagnie s'empressa d'abandonner ce système désastreux qui risquait de compromettre l'avenir de la mine et y substitua l'exploitation souterraine en y perçant de nombreux puits. Von Eschwège dans son ouvrage (2) reproduit un plan de la mine, datant de 1829, où l'on compte 16 puits, dont 8 au moins servaient à l'extraction, qui s'exécutait au moyen de manèges. Les travaux étaient desservis par des galeries horizontales ouvertes à des niveaux successifs de 7 *fathoms* ($12^m,80$) de profondeur au-dessous de la galerie principale, dite *Adit level*, qui servait de galerie d'écoulement. L'exploitation comprenait à cette époque 3 étages dont le plus profond était à 21 fathoms ($38^m,40$).

Lorsque Gardner visita la mine, le champ d'exploitation comprenait 9 étages de 7 fathoms, portant la profondeur totale à 62 fathoms (114 mètres), mais les deux derniers étaient inondés et il ne put descendre qu'au niveau 48, à 88 mètres de profondeur. On luttait déjà contre les difficultés dûes à l'abondance de l'eau dans un terrain mou, sorte d'éponge exigeant de formidables boisages pour l'entretien des galeries et le revêtement des chantiers. La situation du gîte est ainsi décrite par lui d'après l'inspection d'une coupe des terrains qu'il eut l'occasion de voir au bureau de la mine. « La Serra, qui court de l'E. à
« l'O. et qui se trouve au N. de la mine, est du caractère
« primitif, la masse de son centre consistant en granit. Sur le

(1) George Gardner. Travels in the interior of Brazil, principally through the Northern Provinces, and the Gold and Diamond districts, during the years 1836-1841. *London. Reeve brothers. 1846.* page 491.

(2) Von Eschwege. *Pluto Brasiliensis.* Taf. V.

« granit repose une épaisse couche de schiste argileux (*schistose* « *and clay slates*) avec une inclinaison de 45° (vers le S.). Au « dessus s'étend une autre couche épaisse d'itabirites (*ferrugi-* « *nous Itacolumite*) avec la même inclinaison, et immédiate- « ment au-dessus la jacutinga ou sidéroschiste micacé mou « (*soft micaceous iron schist*), qui contient l'or et qui a une « épaisseur d'environ 50 fathoms (90 mètres). Sur la jacutinga « se trouve une autre couche épaisse d'itabirites et finalement à « un demi-mille vers le S. de la mine une épaisse couche de « calcaire cristallisé et stratifié affleure avec le même angle « et la même direction que les autres roches. A un demi-mille « à l'E. de l'entrée de la mine, le lit de jacutinga se termine en « coin, tandis que vers l'O. il paraît inépuisable ; c'est dans « cette direction que seront développés les travaux futurs. » (1)

Le minerai se composait de jacutinga, à l'état d'itabirite friable, brune, légèrement manganésée et pure, comme le prouve l'analyse suivante faite par Faraday (2).

Peroxyde de fer	97.
Silice	1,6
Alumine	1,1
Oxyde de manganèse	0,6
Chaux	traces
Total	100,3

ou bien sous la forme de fer micacé brillant et compact. En raison de sa faible consistance, le minerai était attaqué au pic, uniquement par des mineurs européens. Celui, dont l'or était visible sur place, était détaché de la couche avec soin et mis immédiatement dans des caisses solides, soigneusement fermées et envoyées directement aux ateliers de lavage (*washing-house*). Là, le métal était séparé de sa gangue par simple broyage au mortier et par lavage à la batée.

(1) GEORGE GARDNER. Ouvrage cité, page 494.

(2) FARADAY. Reports of the Imperial Brasilian Mining Association. V. (1828.)

Le minerai trop pauvre pour être soumis à ce procédé, lent et coûteux, était envoyé aux moulins de bocards (*stamping-mills*). Ces bocards étaient semblables à ceux encore en usage : chaque pilon, avec sa flèche en bois et son sabot en fer du pays, pesait environ 130 kilogrammes ; leur levée était de $0^m,25$ et ils donnaient de 55 à 65 coups par minute, en broyant en 24 heures une moyenne de 3250 kilogrammes d'un minerai peu résistant. La lavée, composée d'eau et de minerai en poudre, s'écoulait des auges (*cöver*) à travers les grilles dans un conduit commun courant sur toute la longueur, puis s'étalait sur des tables dormantes, inclinées de 7° et ayant chacune 12 mètres de longueur et $0^m,40$ de largeur, sur lesquelles on avait disposé des cuirs (*cured hide*), les poils dressés en dessus, et des flanelles à leur suite. Pour faciliter le départ des broyés, on faisait passer 20 litres d'eau par minute et par pilon dans les auges et à peu près 35 litres dans le conduit pour empêcher une accumulation excessive des sables à la tête des tables.

Chaque table recevait le produit de 2 bocards, et comme sur les premiers cuirs se trouvaient retenus les gros grains et paillettes d'or avec les parties les plus lourdes du minerai, on les protégeait par une grille fermée. On remplaçait, pour les laver dans des cuves, les cuirs et les flanelles au bout de quelques heures, mais les deux premiers cuirs étaient lavés plus souvent et dans des cuves spéciales. Les sables recueillis étaient concentrés de nouveau sur d'autres tables et, lorsqu'on était arrivé à séparer suffisamment les qualités, les plus pauvres retournaient aux bocards, tandis que les plus riches étaient portés à l'atelier de lavage pour être soumis à un dernier traitement à la batée.

Les sables, qui n'étaient pas retenus sur les tables, étaient en partie recueillis dans un réservoir à la suite, mais ils payaient rarement les frais d'un nouveau traitement. Les fins s'échappaient avec l'eau dans la rivière et allaient former à 4 ou 5 kilomètres de là sur les bords des dépôts boueux, que de pauvres orpailleurs (*faiscadores*) du voisinage lavaient pour en extraire encore un peu d'or (1).

---

(1) Henwood. Proceedings of the Royal Geological Society of Cornwall. 1848.

L'or obtenu marquait de 20 à 21 carats : les impuretés contenues se composaient principalement d'argent et de palladium avec un peu de platine et rarement de cuivre.

Après la visite de Gardner, on parvint à épuiser l'eau des étages du fond ; ce qui permit de s'enfoncer à nouveau et d'ouvrir en 1844 un nouvel étage au niveau 70 (128 mètres) dans la partie E. de la mine, tandis que le développement des travaux en direction permettait de mieux reconnaître le gîte.

Dès le principe, on avait observé que la couche aurifère se rétrécissait en direction de l'O. à l'E., mais grâce aux travaux postérieurs, exécutés sur une extension de 1 200 mètres, on arrivait à avoir une idée plus exacte du gîte et l'on constatait dans cette couche la présence de deux veines principales, séparées le plus souvent par un lit d'itabirites pauvres, peu différentes de celles du mur. Ces deux veines étaient connues, celle du N. sous le nom de veine de Gongo, celle du S. sous celui de veine de Cumba, et toutes deux allaient en diminuant en profondeur. En outre la veine de Gongo se bifurquait vers l'E., à partir de l'étage 27, par une masse d'itabirites stériles formant coin qui allait en s'élargissant en profondeur ; de sorte que cette veine qui, à la surface, avait une largeur reconnue de près de 150 mètres à l'extrémité O. des travaux et de moins de 30 mètres à l'extrémité E., se trouvait resserrée au niveau 27 et divisée en deux branches, l'une étroite, de 1 mètre d'épaisseur, au N., l'autre plus large, de 5 mètres d'épaisseur, au S., pour finalement se réduire à quelques centimètres, la première dès le niveau 48, la seconde au dernier niveau. La veine de Cumba, qui à la surface O. avait 120 mètres de largeur, conservait encore au fond des travaux à l'E. une largeur de 12 mètres. De sorte que la couche qui avait à l'O. à la surface une largeur de 180 mètres se trouvait n'avoir plus que 15 mètres à l'E. au fond de la mine. Seulement si cette couche présentait à la surface du côté de l'O. une grande largeur, les lignes riches se trouvaient surtout concentrées dans les parties plus étroites ; c'est ce qui explique que les travaux aient été surtout développés vers l'E. du gisement.

Des deux mines exploitées, c'était celle de Gongo la plus riche. On y distinguait trois lignes importantes, *Principal*, *North* et *New-North*, et quelques petites lignes secondaires.

La ligne Principal s'étendait à peu près sur toute la longueur des travaux, tandis que les deux autres, placées plus au N., n'existaient que dans la partie E. et seulement sur une certaine profondeur.

La ligne New-North, qui affleurait vers le milieu de la mine, plongeait vers l'E. et disparaissait au niveau 34 (62 mètres), présentant des grains et des paillettes d'or, avec quelques masses entre les niveaux 7 et 21 (12^m,80 et 38^m,40).

La ligne North n'existait pas au-dessus du niveau 14 (25^m,60) et disparaissait au-dessous du niveau 41 (75 mètres), donnant de l'or en grains et parcelles aux divers niveaux et même quelques masses d'or en plusieurs points.

La ligne Principal contenait en direction deux larges jets aurifères reliés entre eux vers le milieu de la mine par un nerf de minerai pauvre. Le plus petit ou *jet occidental*, qui existait dans la partie O. des travaux, a été exploité de la surface jusqu'au niveau 21 (38^m,40), où il devenait étroit et pauvre ; il a donné des grains et des filets d'or jusqu'à cette profondeur, mais les poches d'or (*bunches*) ont été trouvées dans la partie comprise entre les niveaux 7 et 14 (12^m,80 et 25^m,60). Le plus grand ou *jet oriental*, qui occupait la partie centrale des travaux et s'étendait vers l'E. en profondeur, était sans comparaison le plus riche des deux. De la surface à la profondeur de 25 fathoms (46 mètres), on y a trouvé beaucoup d'or en grains, paillettes et masses, et même, entre les niveaux 7 et 21 (12^m,80 et 38^m,40) d'énormes poches d'or ; c'est cette partie qui a été la plus productive de la couche (1). Au-dessous, les grosses masses d'or furent moins abondantes ; toutefois, au niveau 41 (75 mètres), elles furent encore fréquentes ; au niveau 48 (90 mètres), elles devenaient plus petites et moins nombreuses ; puis, on n'obtenait plus que de minces parcelles d'or au niveau 55 (100 mètres) pour ne plus trouver que par intervalles de rares grains d'or au-dessous du niveau 62 (115 mètres).

C'est aux affleurements de la ligne Principal de la veine de Gongo que les premiers exploitants exécutèrent leurs travaux à ciel ouvert et ouvrirent la grande excavation de *Talho*

(1) *Voir dans* HENWOOD. Observations on metalliferous deposits. Part I. *le tableau de la production des poches d'or*, p. 279.

Aberto ; c'est là que le baron fit cette récolte d'or, dont il a été parlé, dans la partie centrale du gisement.

La veine de Cumba, qui fut également exploitée à ci l ouvert par les propriétaires brésiliens, mais dans la partie O., était moins riche que la précédente ; elle contenait quelques lignes étroites et courtes, renfermant des grains et des paillettes d'or, de la surface au niveau 21 (38m,40), et montrant quelques petites masses d'or vers le niveau 14 (25m,60), pour ne produire au-dessous que de rares parcelles dispersées dans les parties profondes (1).

D'après ce qui précède, on voit que l'or se trouvait plutôt en abondance dans les parties étroites du gîte, voisines de la surface ; c'est ce qui explique que, dès le commencement de ses opérations, la Compagnie ayant repris par une exploitation souterraine la région du gîte reconnue fructueuse par le baron, la production de l'or crût rapidement et arriva à son apogée en quelques années, lorsque les travaux eurent permis de développer l'exploitation dans l'endroit le plus riche, compris entre les niveaux 7 et 21 (12m,60 et 38m,40). Ce fait est mis en évidence par le *Tableau II* qui donne la production annuelle de la Compagnie depuis le commencement jusqu'à la fin de ses opérations (2).

La quantité d'or produite pendant les premières années fut telle que, dans le court espace de 13 ans, de mars 1826 à la fin de 1839, cette mine a rendu près de 11 tonnes d'or d'une valeur d'environ 1 200 000 livres sterling. Les actionnaires, qui avaient versé seulement 20 livres sterling par action pour l'achat des propriétés et pour les premières dépenses d'exploitation, se trouvaient déjà, à cette époque, remboursés de leur argent et avaient de plus reçu 10 livres sterling par action (3).

Malheureusement cette période éminemment productive ne se maintint pas. Les lignes riches devenant de plus en plus rares à mesure qu'on s'approfondissait et les difficultés

(1) HENWOOD. Observations on Metalliferous deposits. Part I, p. 282. Part II, Tables VIII and X.

(2) Tableau extrait et compulsé de HENWOOD. Ouvrage cité. Part II, Table IX.

(3) Lettre de M. de L..... du 1er juillet 1839 au *Journal des Débats*.

TABLEAU II

PRODUCTION D'OR DE LA MINE DE GONGO-SOCO
(1826-1856)

ANNÉES	PROFONDEUR DE LA MINE *fathoms*	PERSONNEL	PRODUCTION D'OR		
			au lavage *washing-house* *kilogrammes*	au bocardage *stamp-mills* *kilogrammes*	TOTAL *kilogrammes*
1826..........	3	450	207	....	207
1827..........	7	....	750	....	750
1828..........	14	....	396	....	396
1829..........	21	782	1.421	143	1.564
1830..........	25	....	1 047	88	1.135
1831..........	27	....	909	223	1.132
1832..........	34	794	1.029	539	1.568
1833..........	41	776	668	447	1.115
1834..........	48	611	349	268	617
1835..........	48	609	212	198	410
1836..........	48	675	205	168	373
1837..........	48	772	350	172	522
1838..........	55	751	236	153	389
1839..........	55	758	322	196	518
1840..........	62	801	177	206	383
1841..........	62	714	136	210	346
1842..........	62	683	142	228	370
1843..........	68	632	37	189	226
1844..........	70	685	88	126	214
1845..........	70	653	20	71	91
1846..........	70	624	22	88	110
1847..........	70	575	2	57	59
1848..........	70	324	....	64	64
1849..........	70	262	....	59	59
1850..........	70	270	....	52	52
1851..........	70	271	....	39	39
1852..........	70	316	....	40	40
1853..........	70	449	....	48	48
1854	70	520	....	36	36
1855..........	70	458	....	25	25
1856.	70	447	....	29	29
Totaux....	....	....	8.725	4.162	12.887

augmentant par suite de l'invasion des eaux, la production annuelle, qui s'élevait en 1832 à 1568 kilogrammes, allait constamment en déclinant à partir de cette époque pour tomber à 25 kilogrammes en 1855.

Devant cet abaissement continuel de la production, on essaya de tirer quelques profits des autres mines achetées dans le principe (Antonio-Pereira, Catta-Preta) ou acquises par la suite (Boa-Vista, Agua-Quente, etc.) : la mine de quartz aurifère de Catta-Preta rendit à peine, de 1844 à 1846, 10 500 grammes d'or ; celle de jacutinga d'Agua-Quente produisit, de 1847 à 1853, plus de 300 kilogrammes d'or, mais, devenue de plus en plus pauvre, elle fut abandonnée à son tour.

Par suite des pertes répétées des dernières années, le fonds de réserve se trouva complètement épuisé et il fut nécessaire de faire des appels de fonds pour soutenir au moins l'exploitation de Gongo ; mais en conséquence des maigres résultats obtenus, dans l'impossibilité, avec les faibles ressources dont on pouvait disposer, d'épuiser les travaux envahis par les eaux, la fermeture de la mine s'effectua à la fin de 1856. Le commandeur Francisco de Paula Santos, à qui il était dû 150 contos sur hypothèque, mit l'embargo sur les esclaves et finalement devint propriétaire de la mine (1).

Voici un résumé des opérations de la Compagnie pendant sa période d'activité, du 1er janvier 1826 au 31 décembre 1856 (1) :

Production totale......... 12 887 kilogrammes d'or, à 20-21 carats.

Capital versé..............................	200 000 livres sterling
Appels de fonds............................	29 874 » »
Total des versements	229 874 livres sterling
RECETTES...................................	1 697 295 liv. st.

(1) Captain Richard Burton. Ouvrage cité, I. p. 214.

(2) Henwood. Ouvrage cité. Part I, p. 289.

DÉPENSES :

A Gongo-Soco. Acquisition de propriétés, mine, esclaves, etc......	100 808 liv. st.	
Achat de machines, outils, bétail, vivres, etc..................	451 995 »	
Salaires et appointements..............	432 942 »	
Divers..............	3 207 »	
Dépenses à Gongo-Soco........................		988 952 liv. st.
Dépenses dans les autres mines................		25 649 »
Impôts au Brésil :		
Impôt provincial........	310 777 liv. st.	
Impôt d'exportation.....	32 403 »	
		333 180 »
Total des dépenses..............................		1 347 781 liv. st.
Bénéfices......................................		349 514 liv. st.
Dividendes aux actionnaires..................		348 750 »
En caisse, au 31 décembre 1856................		754 liv. st.

L'impôt prélevé annuellement par le Gouvernement de la Province fut de 25 % sur la production jusqu'en juillet 1837, de 20 % jusqu'en juillet 1840, de 10 % jusqu'en octobre 1850 et de 5 % jusqu'en octobre 1853 ; à partir de cette époque, la Compagnie fut exemptée de l'impôt (1). Elle versa ainsi 2 607

(1) (Reports of the Imperial Brasilian Mining Association. LV (1853) p. 11.— LVI, p. 8.

kilogrammes en or et 22 039 livres sterling en monnaie ; ce qui représente une valeur totale de 310 777 livres sterling. L'impôt annuel le plus fort fut de 392 089 grammes d'or, en 1832 ; le plus faible fut de 1 720 grammes, versé le dernier, en 1853. L'impôt d'exportation payé au Gouvernement Impérial était de 2 %; il monta au total de 22 403 livres sterling. Ce qui fait un impôt total de 333 180 livres sterling, impôt excessivement lourd, qui fut presque égal au montant des bénéfices réalisés. Cette charge fut certainement une des causes qui hâtèrent la ruine de cette Compagnie, puisque le mode de perception, basé sur la production, n'empêchait nullement le paiement de l'impôt, même quand les résultats de l'exploitation se chiffraient à la fin de l'exercice par des pertes, comme cela se produisit constamment à partir de 1844.

La mine ne se releva pas. Lorsque le capitaine Richard Burton passa par Gongo-Soco, lors de son voyage à Minas Geraes en 1867, il fut douloureusement impressionné par le spectacle qu'offrait l'établissement avec ses nombreux bâtiments fermés et tombant en ruines. Le commandeur faisait encore exécuter quelques travaux de mine par un petit nombre de nègres sous la conduite d'un surveillant (*feitor*) : ils arrachaient le minerai de quelques piliers abandonnés, où apparaissaient des traces de lignes productives et ils le traitaient dans un moulin de 18 bocards, pour en retirer à peine, paraît-il, 1 500 grammes d'or par an (1).

Aujourd'hui, tout n'est plus que ruines ; c'est à peine si subsistent encore la façade et quelques pièces de la *Casa Grande*, où habitait le Surintendant de la Compagnie, dont le dernier fut Henwood, et le portique d'entrée en forme de voûte en plein cintre qui limitait la propriété à l'E. Là, où se trouvaient les moulins et les ateliers de lavage, on ne voit plus que les vestiges des fondations et des murs, recouverts par un tapis de verdure ; toutes les bouches des puits sont comblées et c'est à peine si le vieux nègre, seul gardien de ces ruines, qui pourtant travailla à la mine dans sa jeunesse, peut indiquer l'emplacement de quelques-unes au voyageur que ces souvenirs d'une industrie passée intéressent.

(1) Captain Richard Burton. Ouvrage cité, I. p. 299.

Saint-John d'El Rey Mining Company Limited (1830). — En avril 1830 se forma à Londres une Compagnie de mines, au capital de 165 000 livres sterling, pour l'exploitation des gisements aurifères situés au N. de S. João del Rey, sous le nom de *Saint-John d'El Rey Mining Company Limited.*

A la fin de 1831, les pertes s'élevant à 26 287 livres sterling, le Directeur résolut d'abandonner cette exploitation et de transporter le centre des travaux à *Morro-Velho*, près de Congonhas de Sabara, afin d'y exploiter un gisement de quartz et pyrites aurifères que la Compagnie venait d'acquérir pour le prix de 56 434 livres sterling (1).

Ce gisement appartenait au commencement du siècle au Padre Freitas, après avoir été acheté par son père à raison de 150 000 *cruzados*. Les premiers travaux exécutés par lui à ciel ouvert, au sommet de la montagne où se découvraient les affleurements, consistaient à faire sauter la roche, en faisant des mines que l'on bourrait avec de la poudre ou, à son défaut, en l'étonnant par le feu avec aspersion d'eau froide ; le minerai était ensuite broyé et lavé pour en retirer une poudre d'or impur, marquant à peine 19 carats. Dans les commencements, il employait pour le broyage 7 machines sèches à deux pilons, de sorte que la production était faible ; ainsi en 1814 il retirait 16 kilogrammes d'or avec un personnel de 24 brésiliens et 122 esclaves (2). Par la suite, il les remplaça par 3 moulins de bocards, qui lui permirent d'obtenir journellement, avec 70 esclaves seulement, de 25 à 30 oitavas (90-110 grammes) d'or, en exploitant la partie dite de *Vinagrado* à cause de la couleur rougeâtre de son minerai décomposé (3).

L'exploitation avait dû être interrompue vers 1818, pour qu'Auguste de Saint-Hilaire, de passage à Congonhas à cette époque écrive dans sa relation de voyage : « Congonhas doit sa « fondation à des mineurs attirés par l'or que l'on trouvait « dans les alentours, et son histoire est celle de tant d'autres « bourgades. Le précieux métal s'est épuisé ; les travaux sont

(1) Captain R. Burton. Ouvrage cité, I p. 230.

(2) Von Eschwege. *Pluto Brasiliensis.* Tabellarische Uebersicht aller Goldlavras jeden Districts in der Provinz Minas Geraes XVI.

(3) Caldcleugh. Travels in South America (1825) II.

« devenus plus difficiles et Congonhas n'annonce actuellement « que la décadence et l'abandon (1).» Seulement il s'avançait un peu trop en déclarant que l'or s'était épuisé ; l'avenir devait lui donner un démenti formel. En effet, le Captain Lyon, directeur de Gongo-Soco, racheta la propriété de Morro-Velho au Padre Freitas et la revendit ensuite à la Compagnie de Saint-John d'El Rey, qui y commença aussitôt ses travaux, en décembre 1834, et qui depuis n'a cessé d'en faire l'exploitation.

Le gisement est formé d'un renflement important de filon, presque vertical, se présentant sous la forme d'une colonne ovale, inclinée à moins de 45° dans le plan du filon, qui aurait penétré au milieu des schistes gris, tantôt les recoupant, tantôt les accompagnant dans leur plan de stratification. La roche est constituée par une masse compacte de quartz à grains fins avec pyrite arsénicale et pyrite de fer et accidentellement pyrite magnétique, pyrite de cuivre, calcite dolomie, sidérose et albite ; ces derniers se présentant à l'état de beaux cristaux dans des géodes. La colonne est dirigée vers l'O. quelques degrés N.; elle a une épaisseur variable, qui atteint jusqu'à 20 mètres en certains points et son étendue horizontale arrive en moyenne à près de 150 mètres ; la masse filonnienne est souvent mélangée avec le schiste encaissant, qui forme ainsi des parties pauvres dans la colonne et qui y occasionne même des nerfs stériles. Aux affleurements, son extension était de 250 mètres environ ; elle présentait deux parties principales correspondant aux centres de travaux effectués : *Quebra-Panella* et *Bahu* à l'O. et *Cachoeira* à l'E. avec une branche secondaire, *North-branch*, se détachant du milieu au N. pour rejoindre vers l'E. un renflement désigné sous le nom de *Gamba*.

Les premiers travaux de la Compagnie furent exécutés à ciel ouvert en trois points : on ouvrit un premier champ d'exploitation à Quebra-Panella et Bahu, un second à Cachoeira et un troisième à Gamba (2) ; mais en profondeur on finit par concentrer les travaux sur les deux premiers, abandonnant la

---

(1) AUGUSTE DE SAINT-HILAIRE. Voyage dans le district des diamans et sur le littoral du Brésil. *Paris*, *Gide édit. 1833.* I. page 169.

(2) CAPTAIN TRELOAR. Reports of the Saint-John d'El Rey Mining Company. XXVIII. 1857, page 27.

veine de Gamba de richesse moindre. Les deux centres de Bahu et de Cachoeira appartenaient à proprement parler à la même veine divisée par un nerf pauvre, dont la masse réservée entre les deux servait de pilier de soutènement ; mais en 1860 on résolut de l'abattre, de sorte qu'à partir de ce point les excavations n'en formèrent plus qu'une seule, et les travaux se continuèrent ainsi en creusant une immense et unique chambre jusqu'à l'époque de l'incendie qui dévora les boisages et amena dans la nuit du 21 novembre 1867 l'éboulement de la mine. L'excavation ainsi faite à découvert avait alors une profondeur de 360 mètres des affleurements à son point le plus bas, avec une étendue de 210 mètres et une largeur variant en ses divers points de 2 mètres à 27 mètres, avec une moyenne de 9 mètres dans la partie de Cachoeira et de 12 mètres dans celle de Bahu (1).

Pendant cette première période des opérations de la Compagnie, on produisit 28 653 kilogrammes d'or, extraits d'un minerai dont la teneur moyenne fut de 23,5 grammes d'or par tonne et dont le rendement fut de 15,5 grammes (2). Pendant les quatre premières années, on fut en pertes, mais à partir de 1839 on fit continuellement des bénéfices et l'on put commencer en 1842 à servir un dividende aux actionnaires. Sur le capital il avait été versé seulement 135 000 livres sterling, et, comme le total des dividendes, payés de 1842 à 1867, s'est élevé à 896 500 livres sterling, cela représente un intérêt moyen de plus de 25 °/o par an sur le capital reçu, pendant cette période de 25 années (3).

Les travaux s'étaient continués du reste sans interruption jusqu'à l'époque de l'incendie. Le minerai, extrait de la mine par un plan incliné à 45° placé entre les deux excavations de Bahu et de Cachoeira, était soumis à un triage et concassage pour séparer le schiste et quartz pauvre, puis envoyé aux moulins de bocards pour être broyé et lavé sur des tables ; les sables, retenus sur les peaux, étaient ensuite traités par amalgamation dans des tonneaux de Freiberg, tandis que les refus des

(1) Captain R. Burton. Ouvrage cité. Vol. I, p. 234.

(2) Henwood. Ouvrage cité. Part II, Table VII.

(3) *Mining World*. London, June 21. 1890.

tables (*tailings*) étaient soumis à un nouveau broyage dans les *arrastras* pour une nouvelle concentration et amalgamation. Les moulins, peu différents du type gallois, qui se composaient de 27 bocards à peine en 1835, s'elevaient en 1853 au nombre de 6 avec un total de 135 bocards, pesant chacun 290 kilogrammes et donnant de 60 à 80 coups par minute (1). En outre, on avait installé à la *praia* dans les dernières années 56 bocards destinés au broyage des sables à retraiter, conjointement avec les arrastras. Les travaux avaient pris un tel développement que, tandis qu'on broyait à peine 16 000 tonnes, en 1838, avec 65 pilons, on arrivait à broyer en 1856 avec les 135 pilons jusqu'à près de 90 000 tonnes, et le personnel, qui se composait seulement de 300 têtes en 1836, s'élevait peu à peu au nombre de 2 400, dont 130 européens (2).

On comprend le bouleversement apporté par l'incendie dans une pareille administration, qui se trouvait dans les meilleures conditions de prospérité. Aussi prit-on rapidement la résolution d'ouvrir un nouveau champ d'exploitation, en allant rejoindre le filon au moyen de deux puits jumeaux à une profondeur qui permît de laisser sous les éboulis un massif de minerai suffisant pour former un estau solide de protection. Pour faire face aux dépenses nécessaires à la reprise des travaux, le capital primitif fut augmenté et porté à 253 000 livres sterling, sur lesquelles il ne fut versé que 223 000 livres sterling. Les deux puits, commencés en octobre et en novembre 1868, furent percés au flanc de la montagne renfermant le gîte, avec une profondeur de 365 mètres ; l'un servit à faire l'extraction, d'abord au moyen de bennes, plus tard à l'aide de cages guidées, et l'autre à l'épuisement des eaux qui venaient en abondance de l'ancienne excavation. On dépensa ainsi une somme de 86 515 livres sterling pour rouvrir la mine et en attendant que l'on pût reprendre l'exploitation par la voie souterraine, on reprit quelques massifs de minerai pauvre à la surface, de sorte que déjà en 1868 on arrivait à broyer 62 000 tonnes de minerai rendant 346 kilogrammes d'or. Dès que le fonçage des puits fut terminé, on se

(1) HENWOOD. Ouvrage cité. Part II. Table VII.

(2) J. ARTHUR PHILLIPS. The Mining and Metallurgy of Gold and Silver. *London. E. and F. N. Spon edit. 1867*, page 83.

mit à percer une nouvelle excavation et la mine passa de nouveau par une phase productive. En décembre 1874, on recommençait à distribuer des dividendes et cela se continuait régulièrement jusqu'en 1882, où le total des sommes versées aux actionnaires s'élevait à 556 600 livres sterling, ce qui représente un intérêt annuel moyen de 31 % du nouveau capital reçu, pour cette période de 8 années. Malheureusement à mesure qu'on s'approfondissait, les difficultés d'exploitation augmentèrent : les eaux menaçant d'envahir les travaux, on dut installer des machines d'épuisement plus importantes, ce qui aggrava les dépenses. Comme d'autre part la production diminua sensiblement en 1882, au point qu'on se trouva l'année suivante en deficit et que les autres années les bénéfices furent très faibles, il ne fut plus distribué de dividendes jusqu'à l'époque de la catastrophe qui amena l'effondrement général de la mine dans la nuit du 10 novembre 1886 (1). On avait créé par l'exploitation, à la place de la colonne de minerai, un immense salon incliné, mesurant près de 200 mètres de profondeur, avec des dimensions horizontales égales à 15 mètres environ, dans le sens entre les épontes, et à plus de 100 mètres dans l'autre ; d'énormes blocs de pierre se détachèrent d'un pilier de soutènement horizontal qui avait été réservé dans la roche au sommet de l'excavation, et les parois, alors insuffisamment soutenues, s'effondrèrent emportant et brisant dans leur chûte les poutres massives qui servaient de soutien, ainsi que le matériel d'extraction et d'épuisement et tout ce qui se trouvait sur leur passage ; la secousse fut telle, qu'elle se transmit dans les puits, où les revêtements et les pièces métalliques furent en partie démolis ou disloqués, et l'un d'eux même s'éboula à partir de la profondeur de 160 mètres.

Avant cette catastrophe, l'établissement de Morro-Velho travaillait suivant le même procédé que durant les dernières années de la première période et jusqu'en 1878 avec le même nombre de bocards, comme le montre le *Tableau III* établi pour les deux années 1865 et 1877, correspondant chacune à une des phases des travaux.

---

(1) *Mining Journal*. January 1, 1887. page 10.

TABLEAU III

OPÉRATIONS DU BROYAGE EN 1865 ET 1877

Noms des moulins	Nombre de pilons	1865 (1)			1877 (2)		
		Nombre de jours de travail	Tonnes broyées	Tonnes par jour et par pilon	Nombre de jours de travail	Tonnes broyées	Tonnes par jour et par pilon
Lyon	30	357,46	12.100	1,13	357,20	13.167	1,23
Cotesworth	12	356	4.932	1,15	350,03	5.057	1,20
Susanna	9	361,12	2.897	0,89	361,01	3.167	0.97
Powles	36	351,24	17.563	1,39	353,23	17.608	1,39
Herring	24	357,29	11.495	1,33	355,91	11.410	1,34
Addison	24	353,52	10.620	1,25	357,09	12.336	1,44
Totaux ou moyennes	135	356,10	59 607	1,24	355,74	62.745	1,30

(1) ARTHUR PHILLIPS. Ouvrage cité, pag. 83.

(2) Report of the Saint-John d'El Rey Mining Company Limited. 1878.

Certains de ces moulins se trouvant en mauvais état par suite d'un long service, il devint nécessaire de pourvoir à leur remplacement, en y introduisant par la même occasion les perfectionnements que le progrès et la pratique avaient pu suggérer. C'est ainsi que le moulin *Susanna* fut supprimé, puis le moulin *Cotesworth* remplacé, en février 1880, par un nouveau de 24 bocards, muni de tables à retournement (*revolving strakes*) substituant les anciennes tables à toiles. Finalement le moulin *Powles*, arrêté en 1881, était remplacé par un moulin californien de 30 bocards, qui commençait à fonctionner en 1883. En outre des concasseurs à mâchoire venaient faciliter et remplacer en partie l'ancien cassage à la main. A partir de cette époque, le broyage se réalisa avec 5 moulins d'un nombre de 132 pilons. Le *Tableau IV* donne les résultats des opérations pour les deux années consécutives, 1883 et 1884.

Depuis le commencement des opérations en 1834 jusqu'à la fin de 1886, pendant les deux premières phases des travaux, la mine de Morro-Velho a rendu 58 344 kilogrammes d'or, représentant une valeur de 5 215 000 livres sterling (1) ; ce qui porte la production moyenne, pendant cette période de 52 ans, à

1 115	kilogrammes	par an
93	»	par mois
3	»	par jour

Cette magnifique production fut réalisée avec un minerai rendant en général de 10 à 20 grammes d'or par tonne, rarement 25 grammes.

On comprend que devant un pareil passé, la Compagnie ait cherché à se procurer des ressources pour lui permettre de rouvrir une seconde fois la mine. Les difficultés étaient grandes : la profondeur de la seconde excavation au-dessous du niveau de la bouche des puits atteignait déjà 570 mètres et ces puits en partie détruits se trouvaient inutilisés ; malgré cela, le Directeur de la mine, Mr. G. Chalmers, proposa de reprendre les travaux en faisant une installation complètement nouvelle :

(1) G. Chalmers. Reopening of Morro-Velho. To the directors of the Saint-John d'El Rey Mining Company Limited. *London. April 26, 1888.*

TABLEAU IV

OPÉRATIONS DU BROYAGE EN 1883 ET 1884

Noms des moulins	Nombre de pilons	1883 (1)			1884 (2)		
		Nombre de jours de travail	Tonnes broyées	Tonnes par jour et par pilon	Nombre de jours de travail	Tonnes broyées	Tonnes par jour et par pilon
Lyon	30	360.80	12.741	1,17	355,18	12.031	1,13
Cotesworth	24	339,98	9.686	1,18	353,61	9.722	1,14
Powles	30	315.04	12.441	1,31	300,01	12.557	1,39
Herring	24	346,10	11.462	1,37	348,22	10.089	1,20
Addison	24	338,59	11.927	1,46	336,56	12.192	1,51
Totaux on moyennes	132	339,89	58.260	1,29	337.70	56.591	1,27

(1) Report of the Saint-John d'El Rey Mining Company Limited. 1884.
(2) » » » » » » » » 1885.

deux nouveaux puits jumeaux seraient percés de manière à atteindre le filon par un court travers-banc, en réservant un estau de 12 mètres au point le plus profond de la dernière chambre, et à partir de ce point on établirait des plans inclinés dans le filon même pour les services de l'extraction et des pompes, afin d'attaquer le gîte par étages horizontaux de 35 mètres ; à la surface, un nouvel établissement de préparation mécanique serait installé, comprenant 100 pilons californiens, disposés en une seule ligne par batteries de 5, avec des tables de lavage et des appareils d'amalgamation modernes, et la force motrice serait fournie par l'eau alimentant diverses roues Pelton. Il se basait dans ce programme sur ce que la zone de minerai relativement pauvre, rencontrée de 882 à 1884, tendrait à s'améliorer, comme cela s'était produit dans les deux dernières années de l'exploitation en 1885 et 1886, et qu'avec un rendement moyen de 16 grammes seulement on pourrait réaliser une nouvelle campagne très fructueuse. Cette proposition fut acceptée et la Compagnie de nouveau reconstituée en 1888 au capital de 252 000 livres sterling en actions de 1 livre, mais il ne fut placé que 233 394 actions, aujourd'hui presque complètement libérées, car on a versé 19 sh. 6 d. par action, soit 233 174 livres sterling au total. On commença immédiatement les travaux, qui devaient donner de nouveau accès au gîte ; l'emplacement des nouveaux puits fut choisi au flanc de la montagne voisine de celle des affleurements et une galerie située au pied de la montagne fut ouverte pour mettre en communication les puits avec la vallée (*praia*) destinée à servir d'emplacement à l'usine de traitement.

La galerie, mesurant 307 mètres de longueur, fut commencée en avril 1889 et terminée en mars 1890 ; les puits étaient achevés, l'un avec la profondeur de 662 mètres en mars 1892, l'autre avec la profondeur de 700 mètres en avril 1892. On s'occupait aussitôt de percer le travers-banc destiné à atteindre le filon ; on rencontrait à 7 mètres du puits une première veine, probablement le prolongement de North-branch ou de Gamba, présentant en ce point une puissance de $4^{m},50$, puis à 30 mètres au delà le filon véritable avec une puissance de près de 14 mètres. D'après des essais en grand, on espère pouvoir réaliser un rendement de 12,5 grammes par tonne pour le minerai de la la petite veine et de 25 grammes pour celui du filon, qui présente une veine centrale très riche ; les espérances du directeur se trouveraient donc réalisées au delà même de ce qu'il calculait. Actuellement on commence à exécuter les travaux de traçage intérieur destinés à permettre l'exploitation du minerai et l'on achève l'installation des moulins qui doivent être prêts à fonctionner dans le courant de l'année.

Outre la mine de Morro-Velho, la même Compagnie a essayé d'exploiter les mines de *Gaia* et de *Gabiroba*, voisines de la précédente, et la mine de *Cuiaba*, près de Sabara ; aucune n'a donné de résultats bien satisfaisants.

Les mines de Gaia et de Gabiroba. situées toutes deux dans la propriété de Fernam Paes, acquise en 1862, au prix de 11 583 livres sterling, n'ont été travaillées que plus tard, lorsque l'incendie mit arrêt aux travaux de Morro-Velho. A Gaia un moulin de 24 pilons, mis en marche en 1868 permit de traiter un minerai de quartz et pyrites, à teneur de 13 grammes, dont on retira à peine 7 grammes d'or par tonne ; en 1871, ce minerai, devenu encore plus pauvre, ne rendait plus que 2 grammes à la tonne ; on abandonna l'exploitation et le moulin démonté fut destiné à remplacer à Morro-Velho l'ancien moulin de Cotesworth mis hors service (1). A Gabiroba, le gîte se compose d'un filon de quartz compact et pyrites fines presque vertical : la teneur est en moyenne de 14 grammes d'or par tonne, mais à cause de l'extrême finesse de l'or contenu, on ne put en retirer que 7 grammes à la tonne. L'exploitation, interrompue une première fois, fut reprise à la suite du dernier éboulement de Morro-Velho, mais avec un égal insuccès.

La propriété de Cuiaba, située sur l'ancienne route de Sabara à Caethé, a été achetée par la Compagnie, en 1877, pour le prix de 7 000 livres sterling, dans le but d'exploiter un gisement, dont on voit les affleurements au-dessus du village de Cuiaba. Ce gisement comprend une série de filons parallèles, de quartz à grains fins avec pyrites de fer en cristaux, recoupant les schistes noirs compacts, au nombre de 4, connus sous les noms de *Canta-Gallo*, *Fonte-Grande*, *Domingas* et *Serrote*, et de filons de quartz aurifère en petites veines dans les terres

(1) Reports of the Saint-John d'El Rey Mining Company Limited. 1869, 1871, 1880.

argileuses rouges produites par la décomposition des terrains précédents, au nombre de 3, connus sous ceux de *Terra-Vermelha*, *Pitangueira* et *Bahu*. Ces divers gisements exploités il y a plus de soixante ans par divers propriétaires brésiliens, principalement aux affleurements, furent repris souterrainement par la Compagnie qui ouvrit au flanc de la montagne, à une trentaine de mètres au-dessus du fond de la vallée, une grande galerie pour atteindre les gîtes de Canta-Gallo, Fonte-Grande et Domingas, les seuls exploités jusqu'à ce jour, et quelques travaux indépendants des précédents furent exécutés sans résultats au gîte de Pitangueira. L'exploitation, commencée en décembre 1878, ne prit un certain développement qu'après l'établissement d'un moulin de 40 pilons californiens achevé en 1883 ; on put, à partir de cette époque, broyer par mois 1 500 tonnes de minerai, dont on retirait environ 5,5 grammes d'or excessivement fin, sur une teneur moyenne de 12,5 grammes à la tonne (1). Aussi la faible teneur du minerai et les difficultés de traitement pour retenir un or trop facile à s'échapper ont-e les décidé la nouvelle Compagnie à réduire l'exploitation de Cuiaba, pour concentrer tous ses efforts sur Morro-Velho. Actuellement, le personnel comprend à peine 25 ouvriers, et, des 40 pilons, on n'en fait fonctionner que 15. La production annuelle la plus forte a été de 99 255 grammes en 1884 ; elle était seulement de 15 120 grammes l'année dernière. La production d'or totale depuis le commencement des opérations s'est élevée à environ 700 kilogrammes.

Brasilian Company (1832).— En 1832, M. Mornay acheta pour le compte d'une compagnie anglaise, la *Brasilian Company*, au capital de 60 000 livres sterling, la mine de *Catta-Branca* située au flanc du Pic d'Itabira do Campo. Cette mine appartenait au comte de Linharès, qui l'avait achetée deux ans auparavant pour la somme de 22 000 cruzados (environ 22 000 francs); celui-ci, après y avoir fait quelques travaux, la céda à la Compagnie anglaise, pour le prix de 78 contos de réis (environ

(1) Report of the Saint-John d'El Rey Mining Company Limited, 1878, 1879, 1884, 1885.

195 000 francs) (1). Le gisement se compose d'un filon de quartz presque vertical, qui traverse les schistes micacés avec une direction N. 15° O.; sa puissance, très faible à la surface, atteint de 2 à 5 mètres en profondeur.

L'exploitation n'a duré qu'un petit nombre d'années : la mine était gênée par une venue d'eau abondante et, comme on s'enfonçait toujours en créant d'importantes excavations, sans se donner la peine d'introduire du remblai et en se contentant de mettre un boisage aux points dangereux, il est arrivé un moment qu'une des parois minée par les eaux a produit une pression énorme sur les bois de soutènement et, dans le courant de l'année 1844, elle s'est effondrée, ensevelissant une trentaine de mineurs sous ses décombres. Cette chute a été due à deux causes : l'absence d'économie dans les travaux et une mauvaise méthode d'exploitation (2).

La Compagnie ne put se relever et reprendre ses travaux. Voici les résultats obtenus pendant les cinq dernières années de son exploitation, d'après le *Mining Journal* :

Année	Extraction	Production d'or	Rendement par tonne
—	—	—	—
	tonnes	*grammes*	*grammes*
1840	18.522	363.302	19,6
1841	22.051	322.272	14,6
1842	21.958	294.670	13,4
1843	21.994	143.605	6,5
1844 (6 mois)	8.026	57.442	7,1
Totaux	92.551	1.181.291	Moyenne 12,8

Cette même Compagnie aurait aussi exploité le gisement d'itabirites aurifères du *Morro-das-Almas*, près d'Agua-Quente,

(1) Francis de Castelnau. Expédition dans les parties centrales de l'Amérique du Sud. *Paris. P. Bertrand édit. 1850.* Tome I. Visite aux mines anglaises.

(2) Captain R. Burton. Ouvrage cité, I. p. 183.

à l'ouest de la Serra de Caraça, mais nous n'avons pu nous procurer des renseignements sur les résultats de ses travaux.

National Brasilian Mining Association (1833). Devant le succès de la mine de Gongo-Soco, il avait été fait des recherches dans le voisinage de ce gisement, dans l'espoir de rencontrer une exploitation analogue ; c'est ainsi que la mine de jacutinga aurifère de *Cocaes*, située près du village du même nom au N. E. de Gongo et appartenant à plusieurs propriétaires brésiliens, fut louée, en 1833, avec bail de 50 ans, pour le compte d'une nouvelle compagnie anglaise, qui, calquant son titre sur celui de sa voisine, s'appela la *National Brasilian Mining Association*.

Le gisement se trouvait en un point élevé de la Serra de Cocaes et ses affleurements avaient été exploités avec profit, dès le siècle passé, par les mineurs du pays, qui y avaient exécuté d'importants travaux à ciel ouvert. Il avait été découvert d'une manière tout à fait fortuite par des nègres qui, en défrichant un terrain, avaient démoli une fourmilière de grande taille et aperçu de larges grains d'or disséminés dans la masse terreuse (1). Il se présentait sous la forme de couches de jacutinga obscure au milieu des itabirites en lits alternés de fer micacé et de quartz blanc souvent contournés, avec une direction générale N. 10° à 20° E. et un plongement de 30° à 55 vers le S. L'or se trouvait inégalement réparti dans la masse à l'état de grains fins, rarement de pépites.

Au commencement du siècle, les exploitations superficielles rendant une moindre quantité d'or (2), les propriétaires se mirent à établir de petites forges sur les bords de la rivière Una, afin d'utiliser la jacutinga comme minerai, excellent pour la fabrication directe du fer (3). L'exploitation fut reprise souterrainement par la Compagnie, qui commença ses travaux en

(1) Mawe. Travels in the interior of Brasil. 1817. p. 291.

(2) En 1814, l'or extrait par les mineurs fut seulement de 4 375,5 oitavas (15 693 grammes). Von Eschwege. *Pluto Brasiliensis*. Tabellarische Uebersicht aller Goldlavras jeden Districts in der Provinz Minas Geraes, p. 5.

(3) A. de Saint-Hilaire. Ouvrage cité, p. 115-116.

juin 1834. Ils furent poussés avec activité : lors de la visite de Gardner, en 1840, le puits avait une profondeur de plus de 90 mètres et le personnel comprenait 30 européens, 30 brésiliens et 300 esclaves (1). Malheureusement, ils ne donnèrent pas les résultats espérés : on se trouva avoir à lutter contre une telle venue d'eau que l'on finit par interrompre les travaux en 1846, après avoir produit 207 900 grammes d'or, qui, réalisés, donnèrent 21 711 livres sterling (2), alors que les dépenses s'élevaient déjà, en 1840, à plus de 200 000 livres sterling. Sous l'action lente des eaux, des éboulements se produisirent et la mine se combla ; aussi en 1851 la Compagnie résilia-t-elle le bail.

Elle essaya de se relever ensuite par l'exploitation d'autres mines : à Cuiaba, elle exploita les gîtes de *Domingas* et de *Terra-Vermelha* qu'elle avait également affermés, mais le minerai trop pauvre ne payait pas ; à *Brucutù*, elle traita une couche de jacutinga qui n'a donné que de maigres résultats ; cependant en 1869 elle continuait à se trainer péniblement.

Devant cette suite d'insuccès éprouvés par les dernières compagnies, il se produisit un arrêt et ce ne fut qu'après 1830, lorsque Morro-Velho eut réhabilité la spéculation au Brésil, que l'on vit se former de nouvelles Sociétés de mines.

EAST DEL REY MINING COMPANY LIMITED (1861).— La première en date est la *East del Rey Mining Company Limited*, formée en 1861, au capital de 90 000 livres sterling. Elle se proposait d'exploiter les mines de quartz aurifère de *Capão* et de *Papa Farinha*, près de Sabara, qui lui avaient été cédées pour un terme de 50 ans. Ces mines avaient été achetées auparavant au prix de 1 200 livres sterling par un directeur de la Compagnie de Cocaes, qui y avait fait exécuter des travaux par de nombreux esclaves, mais la production n'avait pu couvrir les frais. Cependant, la cession fut faite à la Compagnie à des conditions assez onéreuses : l'achat des bâtiments et du matériel était effectué au prix de 2 500 livres sterling et une redevance de 3 % sur l'or extrait devait être payée au propriétaire,

(1) G. GARDNER. Ouvrage cité, p. 489.
(2) HENWOOD. Ouvrage cité. Part I, p. 247.

qui recevrait en outre une somme de 10 000 livres sterling, après que les actionnaires auraient touché 10 000 livres sterling de dividendes, puis une nouvelle somme de 10 000 livres sterling, quand ils en auraient reçu 20 000 (1). Malheureusement, les travaux exécutés montrèrent qu'on se trouvait en présence de gisements irréguliers : après avoir fait une dépense de plus de 36 000 livres sterling, la Compagnie transporta ses opérations, en 1863, au Morro São Vicente, où elle se mit à exploiter les gisements de quartz aurifère du *Morro-São-Vicente* et du *Morro-das-Almas* ; les travaux cessèrent en 1875, pour la première exploitation, en 1876, pour la seconde.

DON PEDRO NORTH DEL REY GOLD MINING COMPANY LIMITED (1862).— En 1862, la *Don Pedro North del Rey Gold Mining Company Limited*, au capital de 125 000 livres sterling, commença à exploiter un gisement de quartz et pyrites aurifères, situé au *Morro-de-Santa-Anna*, près de Marianna ; au bout de quelques années, comme on était tombé sur une partie pauvre du filon, le directeur, capitaine Thomas Treloar, sur les indications d'un vieux propriétaire de mine de l'endroit, fit faire des recherches sur le versant opposé de la vallée et parvint à découvrir sur les hauteurs une couche de jacutinga aurifère au milieu des itabirites, à *Maquiné*, dans une propriété de la Compagnie.

Dès lors, il fit abandonner les travaux du Morro-de-Santa-Anna, bien que le rendement du minerai s'améliorât, afin de concentrer tous les efforts sur la nouvelle mine, dont l'exploitation, commencée en 1865, s'est continuée jusqu'à ce jour avec des fortunes diverses.

La couche est formée d'itabirites friables de couleur noire, dont la puissance varie de 20 mètres à 36 mètres entre des couches stériles d'itabirites plus ou moins compactes, présentant au toit l'aspect de fer micacé brillant ; elle affleure dans les parties hautes de la Serra avec une direction approximativement N.E. et plonge vers le N. O. avec une inclinaison de 27° à 30°. L'or se présente en grains inégalement disséminés dans la masse ; parfois il forme des lignes et des cordons qui s'étalent, au point

(1) CAPTAIN R. BURTON. Ouvrage cité. I p. 436.

qu'on arrive à les détacher de la masse des sables sous la forme de longues feuilles, semblables à des feuilles mortes.

L'accès des travaux était primitivement obtenu par une galerie horizontale percée au flanc de la montagne au-dessous de la couche, de manière à servir à l'extraction du minerai et à l'écoulement des eaux ; elle fut prolongée ensuite par un plan incliné à 23°, lorsque les travaux se développèrent en profondeur ; puis l'on finit par ouvrir le plan jusqu'au jour, afin de pouvoir faire l'extraction directement au moyen d'un manège à mulets, placé près de la bouche du plan, tandis que les eaux de la mine, amenées par les pompes jusqu'au niveau de la galerie, continuèrent à s'y écouler.

Le minerai se présentant à l'état sableux, avec de rares parties compactes, était abattu au pic, et pour éviter des éboulements, il était nécessaire de faire un revêtement soigné des chantiers avec de forts boisages. Le traitement consistait à cribler d'abord les parties pierreuses pour les passer à un moulin de bocards et le tout, une fois à l'état de sables, était soumis au lavage dans divers appareils assez complexes (rifles, caisson allemand, tables à toiles) pour se terminer par un lavage à la batée, afin de séparer l'or des sables concentrés.

Dans les premières années la production fut remarquable : du commencement des travaux à l'année 1868, elle s'éleva au total de 2 427 kilogrammes d'or, et, dans cette année de 1868, 103 tonnes de minerai donnèrent 124 kilogrammes d'or (1). Dans la suite, le minerai extrait, d'une richesse ordinaire, rendit en moyenne 15 grammes d'or à la tonne, et l'exploitation se serait continuée d'une manière satisfaisante, si de grandes difficultés n'avaient surgi par suite de l'abondance des eaux.

Dès 1878, la mine quoique peu profonde (212 mètres de profondeur suivant l'inclinaison) se trouva inondée par suite de l'insuffisance des moyens d'épuisement ; on chercha à y remédier, mais sans résultats bien efficaces et la Compagnie épuisa ainsi ses dernières ressources.

---

(1) F. J. DE SANTA-ANNA NÉRY. Le Brésil en 1889. Chapitre IV. Minéralogie, par H. GORCEIX, page 73. *Paris. Ch. Delagrave, éditeur. 1889.*

Elle s'est reconstituée en 1888 au capital de 100 000 livres sterling, en actions de 1 livre dont 89 313 furent souscrites, dans le but de poursuivre l'assèchement de la mine et la reprise des travaux. On s'est occupé d'abord d'installer les appareils d'épuisement ; comme on ne pouvait disposer que d'une chûte d'eau de débit limité, on a établi au pied de la montagne une roue Pelton, destinée à utiliser la hauteur de chûte de la manière la plus complète, et l'on a fait la transmission de la force par câbles télodynamiques jusqu'à l'entrée du plan incliné pour y actionner la tige des pompes, placées dans l'intérieur, et le tambour du câble d'extraction.

Depuis 1892, on a pu ainsi assécher complètement la mine et même faire la reprise des travaux d'extraction au moyen de l'ancien manège, tandis que l'on achevait la construction de l'appareil destiné à la traction mécanique et l'installation de la nouvelle usine de traitement comprenant un moulin de 3 bocards seulement et des appareils de lavage semblables aux anciens. Dès la fin de 1893 tout était établi de manière à fonctionner régulièrement ; cependant jusqu'ici la production a été faible et les travaux d'abatage viennent d'être momentanément suspendus en mai, afin de prolonger le plan incliné et de préparer ensuite un nouveau champ d'exploitation.

Santa-Barbara Gold Mining Company Limited (1862). — En cette même année de 1862 se constitua la *Santa-Barbara Gold Mining Company Limited*, au capital de 60 000 livres sterling, pour l'exploitation d'un filon de quartz et pyrites aurifères, situé à *[illegible]ari*, près du village de S. Francisco, à 12 kilmètres environ à l'E. de Santa Barbara.

Le gisement se présente sous la forme d'un filon couche intercalé entre des schistes micacés et amphibolifères, d'une puissance très variable de $0^m,60$ à 5 mètres, dirigé N. S. et incliné de 45° à 55° vers l'E. Il se compose de quartz à grains fins, pyrite de fer et pyrite arsénicale avec des quantités variables d'amphibole, grenat et mica, qui se rencontrent souvent en masses cristallisées formant des nerfs pauvres au milieu des parties pyriteuses. Ce filon montre ses affleurements au flanc d'une colline située sur la rive droite du Rio S. Francisco, sur une extension de plus d'un kilomètre, et on en retrouve les vestiges sous forme de roches ferrugineuses décomposées à plus de 6 kilomètres de distance, avec la même direction et la même inclinaison.

La propriété de Pari appartenait au colonel João José Carneiro de Miranda, qui la vendit à la Compagnie pour le prix de 12 000 livres sterling, payable les deux tiers en argent, le reste en actions (1). Celui-ci avait exploité les affleurements à ciel ouvert, en s'enfonçant d'environ une vingtaine de mètres, et percé une galerie de 15 mètres pour continuer l'extraction ; deux moulins, de 12 bocards chaque, lui servaient à broyer le minerai.

La Compagnie reprit les travaux par la voie souterraine, en octobre 1862 : elle commença par ouvrir une galerie en direction à quelques mètres au-dessus du niveau des crûes pour exploiter toute la masse de minerai située au-dessus et réaliser l'écoulement naturel des eaux ; elle remit en état les deux moulins, en construisit un troisième, également de 12 pilons, et installa un tonneau d'amalgamation. Toute la partie du gîte au-dessus de cette galerie fut exploitée et remblayée, sauf un plan incliné réservé pour l'extraction, et l'on continua les travaux en profondeur au moyen de deux plans inclinés, dont l'un était en prolongement de celui ménagé dans les remblais ; deux manèges à mulets, placés à la tête de chaque plan, l'un au jour, l'autre dans une chambre reliée à la galerie de direction, servirent à l'extraction. Comme la roche encaissante était plus solide dans les parties profondes, on se contenta d'établir de distance en distance de fortes chandelles pour le soutènement du toit ; ce qui fut cause que, plusieurs d'entre elles s'étant pourries, la mine s'effondra le 17 mai 1882, alors que les travaux avaient atteint la profondeur de 90 mètres.

Les plans inclinés se trouvant en partie détruits, on dut reprendre les travaux par un nouveau plan partant de la galerie de direction en avant de la partie éboulée. Ce plan dirigé dans le filon suivant son inclinaison atteignait le niveau du fond de la mine en janvier 1884 et l'on s'occupait alors d'ouvrir un nouveau champ d'exploitation dans le gîte, en réservant un

(1) Captain Richard Burton. Ouvrage cité, p. 307.

estau de protection de 12 mètres d'épaisseur au-dessous des éboulis. L'exploitation, reprise d'une manière régulière au commencement de 1885, était concentrée dans la partie située à la droite du plan, mais comme à mesure que l'on s'enfonçait le plan pénétrait dans une partie pauvre du gîte, tandis que la veine riche semblait s'éloigner de plus en plus vers la droite, ce qui obligeait à de grandes dépenses de galeries de traçage pour l'atteindre, on résolut en 1888 de perforer dans le filon même un nouveau plan en diagonale partant de la droite du précédent, de manière à pénétrer directement dans le massif riche ; ce plan achevé dans le courant de 1889 sert depuis uniquement pour l'extraction (1). L'exploitation se fait par la méthode des grandes tailles chassantes, avec largeur de massif d'environ 30 mètres ; actuellement le nombre des tailles est de 8, à compter de l'estau de protection et la profondeur de la mine est de 300 mètres au-dessous de la galerie.

Avant l'éboulement, l'extraction se faisait au moyen des manèges à mulets jusqu'à la galerie de direction, puis par roulage jusqu'à l'usine de traitement ; quant à l'épuisement, la mine donnant peu d'eau, un manège à mulets suffisait pour actionner les pompes. Seulement, en gagnant de la profondeur, ces moyens devenaient insuffisants et l'on dut s'occuper de remplacer les manèges par des appareils plus puissants. La chûte d'eau dont on pouvait disposer pour les moteurs étant trop faible, la Compagnie fit exécuter, dès 1880, un canal destiné à dévier une partie des eaux du Rio S. Francisco ; terminé en 1882, ce canal mesurait 9 600 mètres avec une section trapézoïdale de $0^{m},75$ de profondeur et d'une largeur de $1^{m},80$ au fond, de $2^{m},40$ en haut, donnant un débit de 570 litres par seconde avec une hauteur de chûte de 18 mètres, dont on utilisa 7 mètres pour la roue d'épuisement et 11 mètres pour la roue d'extraction. L'installation s'achevait au moment de l'interruption des travaux et ce fut grâce à la puissance des nouveaux moteurs disponibles que l'on put remettre la mine sur pied et recommencer l'exploitation en 1884 ; depuis cette époque, les travaux se sont continués régulièrement.

(1) *Mining Journal.* November 19, 1887 ; May 5, 1888 ; May 11, 1889.

Le minerai, à sa sortie de la mine, est soumis à un triage et cassage à la main, puis envoyé aux moulins pour le broyage ; il passe ensuite sur des tables de lavage recouvertes de flanelles pour la concentration des sables, qui sont finalement traités par amalgamation dans des tonneaux de Freiberg. Au commencement des opérations, l'usine de traitement comprenait 3 moulins avec un nombre total de 36 bocards et 1 tonneau d'amalgamation ; on installa un second tonneau en 1873, un nouveau moulin de 15 bocards en 1877 et un autre de 10 bocards en 1886, de sorte que l'usine comprend actuellement 5 moulins avec 61 bocards en tout et 2 tonneaux d'amalgamation, lui permettant de traiter mensuellement de 1000 à 1500 tonnes de minerai.

Entre temps, la Compagnie dont le capital primitif était de 60 000 livres sterling, se reconstitua en 1869 au capital réduit de 30 000 livres, qui fut porté à 40 000 livres en 1880, pour subvenir aux dépenses que nécessitait la construction du canal ; il fut en outre émis 10 000 livres d'obligations en 1882 pour remettre la mine en état après l'éboulement.

Depuis le commencement des travaux, les résultats obtenus ont été assez satisfaisants, quoique modestes, à cause du faible rendement de minerai. La production totale au 1er janvier 1894 s'élevait à 2 682 453 grammes d'or, provenant du broyage de 270 661 tonnes de minerai ; ce qui représente un rendement moyen de 10 grammes par tonne. La valeur totale de cet or a été de 328 162 livres sterling.

Le *Tableau V (page 134)* donne la production pendant les dernières années de l'exploitation, à compter de la reprise des travaux, à la suite de l'effondrement.

On voit que la plus forte production a été celle de l'année 1883 ; elle a été en déclinant en ces dernières années à cause des difficultés que l'on a eues à se procurer le personnel nécessaire au développement des travaux : le nombre des ouvriers, qui était de 308 (intérieur 132, extérieur 166) en 1886, a été seulement de 213 (intérieur 110, extérieur 103) en 1893.

TABLEAU V

RÉSULTATS DES OPÉRATIONS DEPUIS LA REPRISE DES TRAVAUX (1)

ANNÉES	MINERAI		PRODUCTION D'OR		VALEUR
	Tonnes extraites	Tonnes broyées	totale *grammes*	par tonne broyée *grammes*	*en livres sterling*
1885	16.717	14.102	150.716	10,7	18.116
1886	22.624	18.607	232.401	12,5	28.222
1887	21.020	18.060	195.889	10,8	23.544
1888	18.862	15.599	127.307	8,1	15.241
1889	19.605	16.561	164.558	9,9	19.571
1890	18.642	14.202	149.095	10,5	17.913
1891	15.159	12.050	137.350	11,4	16.566
1892	11.410	8.970	91.249	10.1	11.125
1893	9.997	8.563	86.473	10.	10.248

(1) ***Mining Journal*. May 16, 1891; May 13, 1893.**

ANGLO-BRAZILIAN GOLD MINING COMPANY LIMITED (1863).— A la fin de 1863, il se forma une Compagnie anglaise, au capital de 100 000 livres sterling, dans le but de reprendre l'exploitation du gisement de quartz et pyrites aurifères de *Passagem*, près d'Ouro Preto, précédemment travaillé par la *Sociedade Mineralogica*, qu'avait organisée Von Eschwège.

Le capitaine de mine Thomas Treloar, mandataire de la nouvelle Compagnie, acquit la propriété des quatre mines ou *lavras de Fundão*, *Mineralogica*, *Paredão* et *Matta-Cavallos*, existant alors sur ce même gîte, pour le prix de 80 contos de reis (9 000 livres sterling).

La plus importante, la *lavra de Mineralogica*, provenait de la réunion de plusieurs concessions, données de 1729 à 1756 à différents mineurs et passées entre les mains de divers propriétaires pour finalement être rachetées en 1784 par un seul, le chanoine José Botelho Borgès. A sa mort, ses biens furent mis aux enchères publiques et la mine, avec les 20 esclaves qui y étaient attachés, fut adjugée au baron Von Eschwège, le 12 mars 1819, pour le prix de 5 contos de reis. Celui-ci forma, comme nous l'avons dit précédemment, sous le nom de *Sociedade Mineralogica da Passagem*, une Compagnie au capital de 20 000 cruzados (1 900 livres sterling) (1). Pendant quelques années il dirigea lui-même l'exploitation, fit exécuter divers travaux souterrains et construire un moulin de 9 bocards ; mais par la suite, après plusieurs années de prospérité, les affaires périclitèrent et les travaux furent interrompus. La propriété fut vendue le 1er juin 1859 par le liquidateur à un mineur anglais, Thomas Bawden, pour le prix de 12 contos de reis (environ 1 200 livres sterling), et celui-ci la revendit quatre ans plus tard à la *Anglo-Brazilian Gold Mining Company Limited*.

La *lavra de Fundão*, voisine de la précédente, était composée de plusieurs concessions accordées de 1735 à 1778 à divers mineurs. Elle était devenue le 17 février 1835 la propriété du commandeur Francisco de Paula Santos, qui, à l'exemple du voisin, fonda une association sous le nom de *Sociedade União Mineira* ; mais, devant l'insuccès de leur exploitation, les

(1) CAPTAIN R. BURTON. Ouvrage cité, p. 338.

associés arrêtèrent leurs travaux et acceptèrent finalement l'offre de Thomas Bawden et d'Antonio Buzelin, qui achetèrent la mine, le 12 avril 1850, et la revendirent plus tard à la Compagnie anglaise.

La *lavra de Paredão*, touchant de l'autre côté à Mineralogica, avait été l'objet de concessions accordées en 1758 à Antonio Mendes da Fonseca ; elle appartint ensuite à divers, puis en 1843 à la famille Martins Coelho, qui la vendit à la *Anglo-Brazilian Gold Mining Company Limited*, par l'intermédiaire de Thomas Bawden, lors de la vente des deux précédentes.

La Compagnie anglaise entra en possession de ces trois lavras le 26 novembre 1863, et seulement plus tard, le 30 sep-

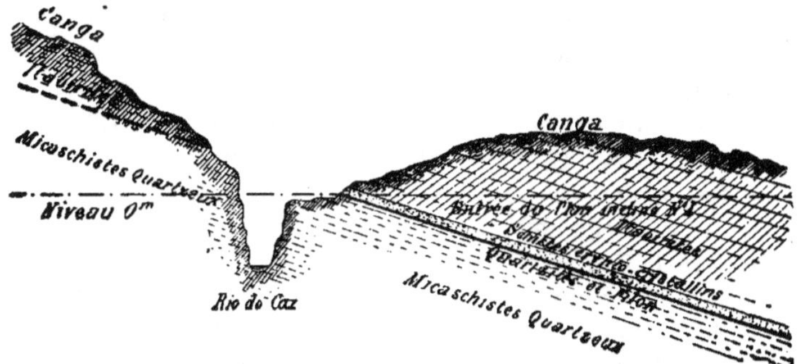

Fig. 24. — Coupe verticale du gisement de Passagem.

tembre 1865, de la *lavra de Matta-Cavallos*, située à la suite de celle de Paredão, près de Marianna.

Le gisement est un filon de quartz et pyrites, intercalé au milieu de terrains schisteux, sous la forme d'un filon de contact pénétrant au flanc d'un contrefort de la Serra d'Ouro Preto, au pied duquel coule la rivière du Carmo, qui s'est creusé un lit profond entre deux parois verticales (fig. 24).

Le filon se compose essentiellement de quartz blanc, de tourmaline et pyrite arsénicale, avec moindres quantités de pyrite ordinaire de fer et de pyrite magnétique ; une couche de quartzites stériles vient s'interposer dans la masse, au point d'occuper en certains points tout l'espace du gîte ; il repose sur un mur de micaschistes quartzeux, tandis qu'au toit une mince couche de schistes crypto-cristallins le sépare des itabirites. Sa direction est sensiblement N. E. et il plonge avec une inclinaison de 18° à 20° vers le S. E. Il appartient à la catégorie des *filons disséminés* à structure en chapelet, présentant une suite d'étranglements et de renflements dont la puissance varie de 2 mètres à 15 mètres; malheureusement les parties renflées sont occupées principalement par les quartzites ou le quartz blanc pauvre, tandis que les masses de tourmalines et pyrites aurifères sont plutôt concentrées dans les parties étroites et surtout dans le voisinage du mur. Le minerai composé uniquement de tourmalines ou de pyrites arsénicales en masses compactes à grains serrés atteint une teneur de 150 à 200 grammes d'or à la tonne, mais cette teneur baisse sensiblement quand il se trouve mélangé de quartz ; le quartz blanc est au contraire pauvre, il tient à peine de 2 à 3 grammes par tonne, mais dès qu'il présente des cassures remplies de matières métalliques, sa teneur s'élève à 10 et 15 grammes à la tonne.

Le filon montre ses affleurements à plus de 60 mètres au-dessus du niveau de l'eau sur la rive droite de la rivière, au point où la Compagnie anglaise a entrepris ses travaux souterrains, tandis que sur l'autre rive les terrains de recouvrement ont été excessivement bouleversés et en grande partie enlevés par les premiers exploitants, qui ont exécuté leurs travaux pour la plupart à ciel ouvert, sauf en quelques points où ils ont creusé de petits puits, véritables trous de taupe destinés à percer la croûte de *canga* formant la surface de la couche des itabirites, afin d'atteindre ainsi le filon et de s'emparer du minerai sur un certain circuit dont ces puits étaient le centre.

La Compagnie anglaise commença ses travaux en janvier 1864, en les concentrant à Mineralogica et à Fundão, où l'on accéda au moyen de descenderies ouvertes dans le filon même, celles de Dawson et de Haymen pour la première, et celle de Foster pour la seconde, où l'on se servit également d'un vieux puits de la *Sociedade União Mineira.* On put effectuer le broyage du minerai extrait, dès le commencement des opérations, en utilisant après quelques réparations l'un des trois moulins, qui existaient sur les lieux. Ce moulin, de 6 flèches en bois, était établi à Mineralogica ; un second, en partie pourri, à Fundão, fut presque complètement remplacé par un moulin de 12 flèches acheté dans le voisinage ; quant au troisième, on ne put rien en tirer. Un nouvel atelier de 30 flèches fut mis en marche au commencement de 1867 et le premier moulin remplacé par un autre de 12 flèches l'année suivante, de sorte que l'usine de traitement finit par se composer de trois moulins avec un total de 54 pilons ; elle comprenait en outre deux *arrastras* pour pulvériser plus finement une partie des sables des tables de lavage.

Les travaux se continuèrent, mais sans pouvoir couvrir les frais, jusqu'au commencement de 1873. Dans les dernières années, à Mineralogica, on aurait été gêné par les eaux, malgré la galerie d'écoulement ouverte à quelques mètres au-dessus du lit de la rivière ; on serait tombé en outre sur une partie stérile du filon, ce qui aurait décidé la direction à concentrer l'exploitation à Fundão, mais comme le minerai s'y trouvait être formé en majeure partie de quartz pauvre, les pertes n'auraient fait que s'accroître. De sorte que l'on fut obligé de suspendre les travaux en février 1873, après neuf années d'exploitation, durant lesquelles on broya un total de 103 978 tonnes de minerai, dont on retira 753 500 grammes d'or, représentant un rendement moyen de 7,24 grammes d'or par tonne. La valeur de l'or produit s'éleva à 87 795 livres sterling, alors que les dépenses auraient atteint 115 962 livres, occasionnant ainsi une perte de 28 167 livres.

La Compagnie, en présence des pertes continuelles réalisées à Passagem, essaya, en 1871, de mettre en valeur la mine de jacutinga de *Pitangui*, située sur un contrefort de la Serra de Caraça, mais les difficultés dues aux grandes venues d'eau à travers des terrains excessivement perméables, firent abandonner l'exploitation à la fin de l'année suivante, après y avoir dépensé plus de 10 000 livres sterling. L'achat et les dépenses d'exploitation de cette mine avait achevé la ruine de cette Compagnie ; le capital versé se trouvant complètement épuisé au 30 janvier 1873, la liquidation fut décidée, après moins de dix ans d'existence.

Roça Grande Brazilian Gold Mining Company, Limited (1864).— Cette Compagnie s'est constituée en 1864, au capital de 100 000 livres sterling, dans le but d'exploiter le gisement de quartz aurifère de *Roça-Grande*, près de Caethé, acheté au prix de 22 000 livres sterling, payé moitié en espèces, moitié en actions, alors que pendant longtemps on n'avait pu trouver un acquéreur pour 1 600 livres sterling (1). On comptait sur une exploitation lucrative, car on avait évalué le rendement en divers points, à plus de 150 grammes d'or par tonne ; les résultats n'ont pas répondu à cette attente, et, depuis longtemps, la mine est fermée.

Brazilian Consols Gold Mining Company, Limited (1873). — La Compagnie anglaise *Brazilian Consols* s'était formée au capital de 100 000 livres sterling, pour exploiter le gisement de *Taquara-Queimada*, sur le chemin de Marianna à Antonio Pereira, au flanc de la Serra d'Ouro Preto. La propriété avait été acquise, en août 1873, au prix de 35 contos de reis (environ 4 000 livres sterling), payé moitié en espèces, moitié en actions; les travaux, commencés la même année, furent suspendus au bout de deux ans, en août 1875, après avoir retiré 4 750 grammes d'or, qui furent insuffisants pour couvrir les frais, et comme le capital n'avait pas été antièrement souscrit, l'exploitation se trouva arrêtée faute de ressources.

Associação Brasileira de Mineração (1874).— Dès le commencement du siècle, les couches de canga et d'itabirites aurifères, qui existent à *Itabira de Matto Dentro*, furent exploitées par de nombreux mineurs. En 1870, une Compagnie anglaise acheta toutes les mines qu'on y avait ouvertes, pour un prix s'élevant à près de 350 contos de reis (environ 32 000 livres sterling) ; mais après y avoir fait de nombreuses dépenses d'installation, elle se trouva, en 1874, dans la nécessité de suspendre ses travaux et de liquider. C'est alors que se forma une Société d'actionnaires du pays, sous le nom de *Associação Brasileira de Mineração* : elle racheta à un prix dérisoire plusieurs

(1) Captain R. Burton. Ouvrage cité. Vol. I p. 288.

des mines de la Compagnie, entre autres la mine de *Santa-Anna*, qui possédait un atelier de bocards de 12 flèches, ayant coûté 21:808$000 reis, et qu'elle eut pour 4:800$000 reis (mine et usine comprises) (1), et elle confia la direction des travaux à l'un des associés, Bernardino Lage, qui aurait mené l'entreprise à bien pendant les premières années. Malheureusement, l'éboulement du puits d'extraction, puis des essais infructueux d'exploitation hydraulique à la surface, suivis peu après de la mort du directeur, amenèrent un désarroi tel, que l'entreprise ne put se relever. Aujourd'hui ces mines sont exploitées d'une façon irrégulière, à la surface, par quelques orpailleurs (*faiscadores*).

PITANGUI GOLD MINING COMPANY, LIMITED (1876). — La Compagnie fut constituée en 1876, au capital de 8 000 livres sterling, pour reprendre l'exploitation du gisement de jacutinga aurifère de *Pitangui*, acheté en 1875, à la Compagnie *Anglo-Brazilian*, alors en liquidation, pour le prix de 900 livres sterling. Malgré l'abondance des eaux, qui avaient été cause de l'arrêt de la précédente exploitation, les travaux s'exécutèrent d'une manière presque continue, jusque dans le courant de 1887, époque à laquelle ils furent suspendus par suite de nouvelles difficultés suscitées par l'eau. On avait extrait au total 18 227 tonnes de jacutinga, qui avait rendu près de 285 kilogrammes d'or, soit 15,6 grammes d'or par tonne.

EMPREZA DE MINERAÇÃO DO MUNICIPIO DE TIRADENTES (1878). — Cette Compagnie, autorisée d'abord à fonctionner, par décret du 17 août 1878, sous le nom de *Empreza de Mineração do Municipio de S. José d'El-Rei*, s'était formée au capital de 500 contos de reis (environ 1 200 000 francs), afin de reprendre l'exploitation des gisements de *Lagôa-Dourada* et de *Prados*, au N. de S. José d'El-Rey, aujourd'hui Tiradentes.

Le gisement de Lagôa-Dourada, situé à côté du village du même nom, en un contrefort de la Serra do Espinhaço, se compose de plusieurs filons de quartzites aurifères, intercalés entre

(1) J. C. DA COSTA SENA. Viagem de estudos metallurgicos no centro da Provincia de Minas Geraes. Annaes da Escola de Minas de Ouro Preto, n. 1. *Rio de Janeiro. Typographia Nacional. 1881.*

les couches de schistes verts. Ils ont une puissance variable, de $0^{m},10$ à 1 mètre et sont dirigés suivant une ligne N. 60° E. avec un plongement vers le S. 30° E. variant de 60° à 85°.

Le gisement de Prados, non loin du village du même nom, est un dépôt d'alluvions, composé de cascalho avec un mélange de sable et d'argile ferrugineuse ; il forme une couche de grande étendue, qui appartient à la classe des gisements, désignés sous le nom de *grupiaras* par les anciens mineurs, dont de nombreuses excavations et d'abondants résidus de lavage révèlent les exploitations (1).

Il ne fut versé que la moitié du capital et après divers travaux de recherches et quelques travaux d'exploitation exécutés jusqu'en ces dernières années, les opérations furent arrêtées.

BRAZILIAN GOLD MINES, LIMITED (1880). — Cette Compagnie fut constituée à Londres, en 1880, au capital de 80 000 livres sterling, afin de mettre en valeur un gisement de plusieurs filons de quartz aurifère, de 1 à 2 mètres de puissance, exploités superficiellement par les anciens mineurs à *Descoberto*, près de Caethé, au pied de la Serra de Piedade (2).

Le résultat des opérations fut désastreux. Il avait été versé seulement la moitié du capital ; en moins de trois ans, tout était dépensé et l'on avait à peine retiré 15 kilogrammes d'or, d'une valeur d'environ 1 800 livres sterling. La Compagnie entra en liquidation et essaya de se reconstituer en 1887, au capital de 200 000 livres sterling, dans le but de reprendre les travaux et d'exploiter un gisement de jacutinga existant dans la propriété (3).

---

(1) L. F. GONSAGA DE CAMPOS. Relatorio dos trabalhos de pesquiza e preliminares de exploração, que mandou executar na Lagôa Dourada a Empreza de Mineração do Municipio de S. José d'El-Rei. *Rio de Janeiro. J. D. de Oliveira. 1881.* — LOUIS LOMBARD. Note sur les exploitations des mines d'or anciennes aux environs de S. João d'El-Rey, Tiradentes et Prados. *Revista Industrial de Minas Geraes, n. 6, 15 de março de 1894.*

(2) *Mining Journal.* June 14, 1884.

(3) *Mining Journal.* July 2, 1887.

Ouro Preto Gold Mines of Brazil, Limited (1884). — La mine de *Passagem.* qui avait appartenu à la *Anglo-Brazilian Gold Mining Company*, avait été achetée en 1875 par le liquidateur même de cette Compagnie. Celui-ci la vendit à son tour, le 24 mars 1883, à Mr. Robey Partridge, représentant d'un Syndicat français, qui s'était formé en 1880 dans le but de rechercher au Brésil des mines d'or susceptibles d'être mises en valeur par une Compagnie.

Un ingénieur français, M. Ch. Monchot, avait du reste été envoyé à Passagem, en 1881, pour se rendre compte de la valeur probable de la mine et pour la préparer en vue d'une nouvelle exploitation (1). Comme il y avait alors plus de 7 ans que la Compagnie anglaise avait cessé ses travaux, la mine se trouvait en partie comblée par les éboulis et inondée au-dessous du niveau de la galerie d'écoulement ; quant à l'usine, la plupart du matériel utilisable avait été vendu et le reste tombait en ruines. M. Monchot commença d'abord par déblayer la descenderie principale de Dawson et prit ensuite ses dispositions pour réaliser l'épuisement et l'extraction future du minerai ; avec les matériaux restants de l'usine, il parvint à reconstituer un moulin de 12 bocards, qui put fonctionner en juin 1881 et servit pour les essais, mais son mauvais état nécessita bientôt sa substitution par un autre, qui fut mis en marche en juillet 1882.

Le Syndicat, après avoir réalisé l'achat de la mine, au commencement de 1883, fit également l'acquisition de trois autres mines, *Raposos* et *Espirito-Santo*, situées près de Sabara, et *Borges*, près de Caethé, et organisa à la fin de février 1884 une Compagnie de mines comprenant ces quatre propriétés de Passagem, Raposos, Espirito-Santo et Borges, sous le nom de *The Ouro Preto Gold Mines of Brazil Limited.* Le capital de la Compagnie était de 400 000 livres sterling en 80 000 actions de 5 livres sterling ; les vendeurs reçurent 320 000 livres sterling, dont 133 000 en actions et 187 000 en argent (2).

Les travaux commencèrent en avril de la même année à Passagem et à Raposos ; le gisement d'Espirito-Santo est resté

(1) Ch. Monchot. Rapport sur les mines de Raposos, Espirito-Santo, Borges et Passagem. *Paris. Imprimerie Nouvelle. 1884.*

(2) The Ouro Preto Gold Mines of Brazil, Limited. Report, 1885.

intact jusqu'à ce jour, et à Borges on n'a fait que quelques travaux de recherches. Tandis qu'à Raposos l'exploitation est restée stationnaire, par suite de faible rendement du minerai, la mine de Passagem a pris au contraire un grand développement.

Les travaux miniers de Passagem, comme ceux de l'ancienne Compagnie, se sont concentrés jusqu'ici à Mineralogica et à Fundão. On a remis complètement en état les deux descenderies de Dawson et de Haymen, qui servent actuellement sous les noms de Plans Inclinés n. 1 et n. 2, le premier pour l'extraction et pour l'épuisement jusqu'au niveau de la galerie d'écoulement également déblayée, le second uniquement pour l'extraction. L'exploitation se fait en découpant le gîte par massifs longs au moyen de galeries de direction formant ainsi des étages de 50 mètres et 35 mètres suivant l'inclinaison ; chaque étage est ensuite divisé par des recoupes en massifs rectangulaires, où l'on ouvre des chambres d'abatage. La mine, qui s'étendait à peine en profondeur jusqu'au niveau de 175 mètres suivant le Plan n. 1, lors de la reprise des travaux, atteint maintenant plus de 450 mètres au fond de ce Plan et les travaux embrassent un nombre de 7 étages, dont 4 en exploitation et les 3 derniers en traçage. L'usine, qui se composait de l'unique moulin de 12 bocards, s'est développée peu à peu et depuis juillet 1890 elle possède 2 ateliers de bocards brésiliens, l'un de 24 et l'autre de 32 flèches en bois, et un atelier de 40 bocards californiens. Ce qui lui permet de broyer en moyenne par mois 3 000 tonnes de minerai, produisant de 30 à 40 kilogrammes d'or. Dans les commencements, on se contentait de soumettre les sables à un premier lavage sur des tables dormantes, tandis qu'on laissait se perdre à la rivière les sables pauvres (*tailings*) en soumettant uniquement les sables riches à l'amalgamation au tonneau. Depuis décembre 1889, on applique un traitement complémentaire par chloruration aux sables provenant des tailings et à ceux sortant des tonneaux d'amalgamation après concentration préalable ; on a pu ainsi abaisser les pertes d'or de 42 à 34 %.

Les résultats des opérations de la mine de Passagem jusqu'à fin décembre 1893 ont été les suivants :

Minerai extrait de la mine......	279 917	tonnes
Minerai broyé aux moulins.....	217 804	»
Production d'or en lingots.......	2 567	kilogrammes
Valeur de l'or..................	325 434	livres sterling
Rendement par tonne broyée....	11,8	grammes

Cette mine est actuellement la plus importante de toutes celles en exploitation à Minas Geraes.

La mine de Raposos, qui a été mise en exploitation en même temps que la précédente, est située près de Sabara, sur la rive gauche du Rio das Velhas qui la sépare du village de Raposos, à côté du chemin de fer Central (kilomètre 570 de Rio de Janeiro). Le gisement se compose de filons de quartz et pyrites aurifères, qui se présentent sous la forme de colonnes, traversant les schistes quartzeux et plongeant de 40° environ vers l'E.-S.E., avec des diamètres divers variant de 2m,50 à 11 mètres (1). Leurs affleurements apparaissent au flanc et vers le sommet de deux montagnes, le *Morro das Almas* et le *Morro da Cruz*, appartenant à un contrefort de la Serra de Curral; partout où ils ont été mis à découvert, les anciens en ont fait l'exploitation au moyen d'une descenderie suivant la veine, mais jamais à une bien grande profondeur, car n'exécutant pas de galerie, la moindre venue d'eau et les difficultés du transport de minerai fait au moyen d'une descenderie inclinée à 40°, par des hommes portant une *carombé* sur la tête, devaient amener rapidement l'arrêt de l'exploitation (2). Ce n'est que dans les derniers temps qu'un des propriétaires se décida à ouvrir au flanc du Morro da Cruz, à 120 mètres environ au-dessus du Rio das Velhas, un travers-banc destiné à aller rejoindre la colonne de *Mina-Grande*, une des plus importantes, dont les affleurements apparaissaient à 180 mètres, afin de pouvoir continuer par en-bas l'exploitation commencée par le haut. Cette galerie avait recoupé diverses veines avant d'atteindre la principale, on en profita pour les exploiter également, de bas en haut jusqu'au jour. Malgré cela, ces derniers exploitants avaient dû

(1) Adolph Mezger. Report on the mines of Passagem, Raposos and Espirito-Santo. *Paris, Chaix. 1885.*

(2) Ch. Monchot. Ouvrage cité.

restreindre leurs travaux, car il n'existait qu'un moulin de 4 bocards, lors de la cession de la propriété de Raposos à Mr. Partridge en 1883. Celui-ci fit réparer le moulin avec une addition de 2 bocards et construisit un autre moulin de 12 bocards à un niveau inférieur, afin d'utiliser l'eau motrice à sa sortie du premier.

Cela permit à la Compagnie de commencer ses opérations avec les deux moulins d'un nombre total de 18 pilons. La galerie de Mina-Grande servit de base à la nouvelle exploitation avec deux autres travers-bancs que l'on ouvrit plus bas, l'un à environ 46 mètres au-dessous et l'autre à 35 mètres de ce dernier, afin de pouvoir mettre en valeur diverses autres colonnes et poursuivre l'exploitation des autres en profondeur. L'exploitation s'est continuée jusqu'ici au moyen de ces 3 galeries auxquelles viennent s'embrancher diverses courtes traverses pour communiquer avec les colonnes, que l'on exploite de bas en haut en chacun de ces étages. On eut l'intention, en 1886, de donner un grand développement aux travaux ; on avait même commencé à édifier un nouveau moulin de 15 pilons, destiné à remplacer l'ancien moulin de 6 mis hors service, à la suite de la découverte de veines riches montrant en certains points des lignes d'or au milieu du quartz, malheureusement ce minerai a bientôt disparu et l'on a renoncé au projet pour concentrer au contraire tous les efforts sur la mine de Passagem. On a, depuis cette époque, continué l'exploitation sur une petite échelle, avec l'unique moulin de 12 pilons.

Les résultats des opérations de la mine de Raposos jusqu'à fin Décembre 1893 sont les suivants :

Minerai broyé....................	31 447	tonnes
Production d'or en lingots......	157	kilogrammes
Valeur de l'or....................	19 630	livres sterling
Rendement par tonne broyée....	5	grammes

La mine d'Espirito-Santo est située sur la montagne du même nom à la suite de Raposos, entre elle et la mine de Morro-Velho, dont la propriété est limitrophe. Le gisement se compose comme celui de Raposos d'une série de filons en colonnes s'inclinant de 35° environ vers l'E. et présentant une puissance variable de 3 mètres à 8 mètres (1). Ces filons ont la même composition que les précédents et, de l'avis de M. Mezger, ils seraient plus nombreux et plus riches que ceux de Raposos (2). Cependant jusqu'à ce jour la Compagnie n'y a fait exécuter aucuns travaux ; les anciens au contraire, y ont ouvert de nombreuses excavations superficielles, disséminées sur une longueur de plus de 300 mètres, avec une profondeur atteignant 20 mètres et plus.

La mine de Borges, située au S. de Caethé sur le versant O. de la Serra de Socorro, a été achetée, le 5 avril 1883, par Mr. Partridge pour le compte du Syndicat à un propriétaire brésilien, Antonio Pereira Borges. Le gisement se compose d'un filon de quartz enfumé, avec peu de pyrites arsénicales, ayant une direction sensiblement E. O. et une inclinaison de 38° vers le S., où l'or se trouve concentré dans des colonnes inclinées de 35° à 40° vers l'E. dans le plan du filon (3). Jusqu'ici une seule colonne, *Mina-d'Agua*, a été véritablement exploitée, surtout par les anciens propriétaires. Mr. Partridge y avait établi un moulin de 16 pilons et la Compagnie, lors de sa première année d'exploitation, y a fait faire quelques travaux ; mais comme, de 1685 tonnes de minerai, on retira à peine 2 540 grammes d'or, soit 1,5 grammes par tonne, elle abandonna l'exploitation. Pendant l'exercice 1888-1889, on fit un autre essai sur une deuxième colonne, *Cachoeira* : de 430 tonnes de minerai, on retira 672 grammes d'or, soit 1,56 grammes par tonne (4). Depuis on s'en est tenu là.

En résumé, des quatre mines de la Compagnie, la seule ayant pris une grande importance est celle de Passagem. Aussi pour subvenir aux dépenses nécessitées par le développement des travaux et les modifications de traitement, comme la somme payée au Syndicat pour les diverses propriétés et installations avait absorbé les 4/5 du capital, il a fallu faire en 1889 une émission de 60 000 livres sterling, en 3 000 obligations hypothécaires de 20 livres. En outre, dans le but d'établir un nouveau

(1) Ch. Monchot. Ouvrage cité.

(2) Adolph Mezger. Ouvrage cité.

(3) Ch. Monchot. Ouvrage cité.

(4) The Ouro Preto Gold Mines of Brazil, Limited. *Reports, 1885; 1889*

moulin californien, à la place du moulin de 24 pilons déjà ancien et en mauvais état, et d'installer la perforation mécanique, on a reconstitué la Compagnie, en décembre 1892, sur une nouvelle base, au capital de 80 000 livres sterling, en actions de 1 livre libérées de 15 sh. et échangées contre les anciennes à condition pour les porteurs de verser 5 sh.; ce qui a permis de disposer ainsi d'une somme de 20 000 livres sterling pour faire face aux nouvelles installations actuellement en cours d'exécution.

SOCIÉTÉ DES MINES D'OR DE FARIA (1887). — La *Société des Mines d'or de Faria* est une Compagnie française qui s'est constituée à Paris, le 13 avril 1887, au capital de 1 800 000 francs, dans le but d'exploiter la mine de *Faria*, dont elle acquit la propriété pour le prix de 600 000 francs payé totalement en actions.

Cette mine est située près de Congonhas de Sabara, à 4 kilomètres environ de la station d'Honorio Bicalho sur le Chemin de fer Central du Brésil (kilomètre 560 de Rio de Janeiro). Son gisement comprend un filon de quartz schisteux et de pyrites aurifères, dont les affleurements apparaissent à 500 mètres au flanc d'un contrefort qui se détache du *Morro do Pires* dans la Serra de Curral, sur une étendue d'environ 500 mètres à près de 250 mètres au-dessus du fond de la vallée. Ce filon se trouve encaissé au milieu de schistes argileux diversement colorés, plus ou moins compacts, avec une direction moyenne N. 58° E. peu différente de celle des schistes ; son inclinaison est de 60° vers le S. E. Il présente en direction une structure en chapelet, avec des renflements et étranglements successifs ; deux de ces renflements ou colonnes, séparés par un intervalle d'une quinzaine de mètres à peine, sont visibles à la surface grâce aux excavations exécutées par les premiers exploitants, mais c'est la plus grande qui a fait jusqu'ici l'objet des travaux les plus importants.

Les anciens propriétaires commencèrent par exécuter une première exploitation superficielle jusqu'à ce que les eaux les missent dans l'impossibilité de continuer ; puis ils eurent recours au percement de courts travers-bancs qu'ils ouvrirent successivement à des niveaux différents (fig. 14, page 47) dans le but de poursuivre leurs travaux, en s'enfonçant chaque fois dans la colonne qu'ils suivaient pas à pas jusqu'à être obligés par suite des difficultés d'épuisement à exécuter plus bas une nouvelle percée. La mine appartenait en dernier lieu au lieutenant-colonel Francisco de Assis Jardim, qui l'avait achetée peu après la dissolution d'une association qui s'était formée entre les deux propriétaires d'alors, le capitaine João Wild et le major Henrique Felizardo Ribeiro, avec deux autres personnes, le capitaine Silverio de Araujo Lima et Francisco Alves de Menezes dans le but d'exploiter ce gîte. Le colonel Jardim avait pratiqué dans les derniers temps un travers-banc long d'environ 80 mètres, afin d'aller recouper la colonne au-dessous des découverts, pour l'exploiter plus facilement, sans trainage ni épuisement onéreux ; il avait ainsi creusé en plein massif, dans une roche en partie décomposée, une cavité dont les dimensions atteignaient plus de 25 mètres en longueur, 12 en largeur et 6 en hauteur, et qui finit par s'ébouler, mettant ainsi arrêt aux travaux qu'il se trouvait dans l'impossibilité de reprendre par ses propres moyens (1). A sa mort, survenue quelques années après, ses héritiers acceptèrent les offres d'un groupe de capitalistes et d'ingénieurs français, qui achetèrent la mine au commencement de 1887 pour le compte de la nouvelle Société en formation.

Au mois de juin de la même année, la Compagnie commença ses opérations. Au lieu d'atteindre la partie vierge du gîte par une galerie horizontale d'une grande longueur par suite de la faible pente du terrain, on résolut de foncer un puits dans le toit du filon à un niveau de 20 mètres au-dessous des affleurements, de manière à rejoindre la grosse colonne par deux travers-bancs, à percer à 35 mètres et à 50 mètres, à compter de l'orifice de ce puits. On avait déjà foncé le puits à 38 mètres en contre-bas du sol et percé une partie du travers-banc au niveau 36, lorsqu'on fut surpris par une telle venue d'eau, impossible à maîtriser avec les engins disponibles, qu'on se trouva obligé de recourir à la solution d'une galerie d'écoulement. On commença d'abord une première galerie devant atteindre le filon au niveau 50 au-dessous de la bouche du puits

(1) Notice sur la mine d'or de Faria (Brésil). *Paris, Février 1887.*

mais, après un avancement de 150 mètres, étant tombé sur un terrain fangeux, les difficultés de percement devinrent telles et l'avancement si lent, qu'on se décida, pour gagner du temps, à exécuter une galerie plus courte devant déboucher dans le puits au niveau 26. Cette dernière atteignait le filon, après avoir rencontré le puits, en février 1890, et la galerie du niveau 50 le rencontrait à son tour au commencement de juillet 1891.

Entre temps, on avait exécuté un canal d'une longueur de 6 kilomètres avec une section de 1,50 mètre carré pour dériver une partie des eaux du torrent de Macacos, qui coule au pied de la montagne, afin d'obtenir une chûte d'eau de 40 mètres qui, avec un débit d'un mètre cube par seconde, permettrait de fournir une force disponible de plus de 500 chevaux ; un moulin de 20 bocards brésiliens mûs par une roue en dessus était construit près du point d'arrivée du canal, et comme celui-ci se trouvait à plus de 1 000 mètres de distance et à 180 mètres en contre-bas de l'orifice du puits, on réalisait le transport de la force nécessaire à l'extraction et à l'épuisement au moyen d'une transmission électrique à l'aide de machines Gramme : deux petites turbines, travaillant sous 12 mètres de chute seulement, actionnèrent deux machines dynamos génératrices correspondant par câble à deux machines réceptrices placées près du puits, pour commander l'une le tambour d'extraction, l'autre la pompe foulante (1). Un petit chemin de fer de mine d'environ 1 kilomètre de longueur, comprenant deux paliers et deux plans inclinés automoteurs de 230 mètres chaque, était établi pour le transport du minerai de la mine au moulin.

L'exploitation n'a commencé d'une manière suivie que lorsque la galerie 50 a été percée et que le puits foncé jusqu'à ce niveau s'est trouvé ainsi mis en communication avec elle. Comme l'orifice du puits se trouvait à 12 mètres au-dessus des anciens travaux, on avait donc devant soi une hauteur de 38 mètres de minerai à exploiter, dans une colonne de forme ovale, offrant une largeur en son milieu de 12 mètres à

(1) A. DE BOVET. Note sur les Transmissions électriques des Mines de Faria. *Mémoires de la Société des Ingénieurs civils. Paris, mai 1891.*

14 mètres et une longueur croissante de 20 mètres au niveau 12, à 34 mètres au niveau 50 (1). Seulement la masse de quartz et pyrites n'occupe pas toute l'épaisseur de la colonne, il existerait trois zones de concentration, l'une au toit, l'autre au milieu, la troisième au mur, dans des schistes colorés assez mous, passant quelquefois à l'état de véritables argiles, mais la minéralisation les ayant complètement pénétrés, c'est donc leur ensemble qui forme le filon et qu'il était nécessaire d'abattre. Jusqu'ici l'exploitation a porté uniquement sur la partie de cette colonne située au-dessus du niveau 50, de sorte que le puits s'est trouvé provisoirement inutile, la galerie 50 servant à la fois pour le roulage du minerai et l'écoulement de l'eau.

Actuellement les travaux d'aménagement intérieur comprennent 4 galeries : la galerie 50 servant de voie de fond et les galeries 37, 26 et 12 situées à 13 mètres, 24 mètres et 38 mètres au-dessus d'elle. Des descenderies nombreuses ont été pratiquées entre ces divers sous-étages pour la mise en place des remblais, la descente du minerai et la circulation des ouvriers, et l'exploitation s'exécute suivant une *méthode en travers*, qui consiste à enlever du mur au toit des tranches de 2 mètres sur 2 mètres, en se faisant suivre par le remblai et en opérant à la fois sur plusieurs massifs isolés, à divers niveaux (2). Le moulin, mis en marche une première fois dans le courant de 1890, a souffert plusieurs interruptions par suite d'accidents arrivés au canal et n'a commencé à travailler d'une manière régulière qu'en juillet 1891. Le minerai amené aux pilons, après cassage préalable à la main, est réduit à l'état de sables, concentrés sur des tables à toiles et amalgamés au tonneau, suivant le procédé usuel du pays.

Le *Tableau VI* indique les résultats du traitement jusqu'à fin décembre 1893.

(1) F. Robellaz. Rapport sur les mines de Faria. *Paris, 15 octobre 1893.*

(2) F. Robellaz. Ouvrage cité.

TABLEAU VI

Années	Minerai traité *tonnes*	Production d'or *grammes*	Rendement d'or par tonne *grammes*	Valeur de l'or *francs*
1891	5 098	44 591	8,72	148 348
1892	8 875	53 025	5,97	180 285
1893	5 699	51 276	9.00	174 338
Totaux en moyennes	19 672	148 892	7,57	502 971

On voit par ce tableau que l'on ait arrivé à extraire par le traitement suivi à peine 7,57 grammes d'or par tonne de minerai traité, alors que l'on espérait dans le principe en retirer 26 grammes (1). Les expériences auxquelles s'est livré M. Robellaz, ingénieur envoyé à Faria par les administrateurs de la Société, dans le courant de 1893, afin d'examiner les travaux et d'étudier les améliorations susceptibles d'être apportées au traitement, lui ont permis de conclure que l'on retirait à peine 42 % de l'or contenu dans le minerai, ce qui représenterait une teneur véritable de 18 grammes par tonne pour le minerai traité depuis l'origine des travaux jusqu'à fin décembre 1893. L'or de Faria se présente en effet à l'état excessivement fin et s'échappe en grande partie avec les rejets (*tailings*) des premières tables, de sorte qu'il est complètement perdu pour la suite du traitement. Aussi se propose-t-on, sur les conseils de M. Robellaz, de

(1) Notice sur la Mine d'or de Faria (Brésil). *Paris, Février 1887.*

modifier le traitement actuel, en concentrant les rejets sur des tables de Frue (*Frue-Vanner*) et en traitant les concentrés par chloruration (1).

En résumé, depuis le commencement de ses travaux, cette Compagnie a passé par une série de déboires : d'abord, les difficultés rencontrées pour ouvrir la mine, qui l'ont obligée à abandonner la solution choisie du fonçage du puits pour exécuter une première galerie d'écoulement, puis l'obligation d'en percer une seconde plus courte dans la crainte d'échouer avec la première; ensuite les résultats déplorables d'un traitement qui laisse perdre plus de la moitié de l'or contenu dans le minerai.

La conséquence est que le capital s'est trouvé rapidement épuisé par les divers travaux d'établissement, ce qui a nécessité un nouvel appel de fonds et une augmentation du capital, porté à 2 400 000 francs dans le courant de l'année 1890. Puis, le moulin une fois mis en marche, la production d'or s'est trouvée très faible et couvrait à peine les frais, de sorte qu'il était impossible d'exécuter, outre les travaux d'exploitation, les divers travaux nécessaires à la préparation d'étages futurs ; la Société s'est trouvée ainsi acculée devant la nécessité d'apporter des modifications à son usine de traitement et d'ouvrir un nouveau champ d'exploitation, l'actuel étant en partie épuisé. Pour satisfaire à ce desideratum, elle s'est mise en liquidation le 28 octobre 1893, afin de pouvoir se reconstituer sur de nouvelles bases. La Société se formerait sous le nom de *Société Nouvelle des Mines d'or de Faria*, au capital de 1 600 000 francs : sur cette somme, 800 000 francs seraient remis en actions aux actionnaires de l'ancienne Société, en représentation de leur apport et 800 000 francs seraient souscrits en espèces et employés en achat de matériel et en travaux divers.

Nous venons de terminer ainsi la revue générale des Compagnies de mines, qui se sont constituées pendant la période de l'Empire, et nous voyons que, de ces Compagnies, bien peu sont en exploitation de nos jours.

A la suite de la proclamation de la République des Etats-Unis du Brésil, le 15 novembre 1889, il s'est produit un certain

(1) F. ROBELLAZ. Ouvrage cité.

mouvement d'affaires, qui a pris naissance dans le courant de 1890 et plusieurs Compagnies de mines se sont organisées, toutes avec des capitaux brésiliens. La plupart sont encore dans la période préparatoire des travaux ; quelques-unes même ont arrêté leurs opérations, soit par suite de recherches infructueuses, soit par manque de capitaux.

Nous en dirons seulement quelques mots, quitte à y revenir plus tard, si leurs travaux prennent un développement intéressant.

COMPANHIA DE MINERAÇÃO DO FURQUIM (1890).— Elle s'est formée au commencement de 1890, au capital de 150 contos de reis (1), dans le but d'exploiter les dépôts d'alluvions du Rio do Carmo, au pied de la chûte de *Forquim*, et un gisement de quartz aurifère du voisinage, formé de petites lignes de quartz dans les schistes argileux. Deux ans plus tard, le capital a été augmenté et porté à 600 contos de reis, mais jusqu'ici il n'a été versé en tout que le quart, 150 contos.

Les travaux, commencés d'abord dans le lit de la rivière, ont été suspendus par suite des difficultés énormes rencontrées pour mettre à découvert le cascalho aurifère, et l'on s'est occupé alors de l'exploitation du gisement de quartz. On a installé dans ce but une usine de traitement comprenant 2 moulins de bocards californiens, l'un de 10 pilons et l'autre de 20 pilons, qui étaient prêts à fonctionner, lorsque les travaux ont été arrêtés, à la fin de 1893, par suite du manque de capitaux.

COMPANHIA DAS MINAS DE OURO-FALLA (1891).— Cette Compagnie s'est constituée le 11 juillet 1891, au capital de 150 contos de reis, pour exploiter un dépôt d'alluvions aurifères situé près du hameau de *Ouro-Falla*, à 3 kilomètres du Rio Sapucahy, non loin de la ville de S. Gonçalo de Sapucahy.

(1) Le change moyen a été :

en 1890	de 420	reis	pour	franc ;	1 conto	de	reis	valait	2 380	francs
» 1891	» 590	»	»	»	»	»	»	»	1 700	»
» 1892	» 800	»	»	»	»	»	»	»	1 250	»
» 1893	» 820	»	»	»	»	»	»	»	1 200	»

Le gisement se compose d'une couche d'argile noire avec fragments de quartz blanc, qui repose sur le gneiss décomposé. L'or se présente en petits grains au contact des deux couches et le gneiss est traversé par diverses lignes fines d'or. Ces diverses couches s'attaquant facilement par l'eau sous pression, on a résolu d'en faire l'exploitation hydraulique suivant le procédé californien. On a dû pour cela construire un canal de 33 kilomètres de longueur avec plusieurs aqueducs, dont un de 424 mètres franchissant une vallée à 28 mètres au-dessus du point le plus bas, afin d'amener les eaux vers le lieu du gisement, avec un débit de 300 litres et une hauteur de chûte de 50 mètres, permettant de lancer les jets sous une pression de 4,5 atmosphères.

Comme l'achat de la propriété avait absorbé la majeure partie du capital, près de 126 contos de reis, il fut nécessaire, pour faire face à l'acquisition du matériel et à l'exécution des premiers travaux, entre autres ceux du canal, d'émettre d'abord dans le courant de la première année deux séries d'obligations, dont le montant total s'éleva à 50 contos, et peu après d'élever le capital à 200 contos de reis, qui ont été intégralement versés (1).

Les travaux préparatoires sont sur le point d'être terminés et la Compagnie compte commencer sous peu les travaux d'exploitation.

Companhia Mineralurgica Brasileira (1891). — Cette Compagnie a été fondée en 1891, au capital de 2 000 contos de reis, dont 400 contos seulement ont été versés jusqu'à ce jour, afin de faire l'achat et de mettre en valeur divers gisements métalliques, dont trois gisements aurifères, situés à plusieurs kilomètres au S. d'Ouro Preto : *Falcão* et *Venda-do-Campo* contenant divers filons de quartzites aurifères, et le *Rio-Gualacho* comprenant la couche d'alluvions qui forme le lit de la rivière au point où celle-ci décrit une boucle.

Il n'a été fait que quelques travaux d'explorations à Falcão et exécuté sur le Rio Gualacho un canal recoupant la boucle de la rivière, afin de dévier les eaux et de mettre le lit à sec.

(1) Relatorios da Companhia das Minas de Ouro-Falla. 23 de julho de 1892 ; 3 de março de 1894.

Empresa de Mineração do Caethé (1892). — C'est une association qui s'est formée entre MM. Baptista, Mascarenhas, Bicalho et autres, au capital de 200 contos de reis, pour exploiter les mines de *Carrapato*, *Carvalho* et *Arraial-Velho*, groupées toutes ensemble au S. de Caethé.

La mine de Carrapato, la plus importante et la seule actuellement en exploitation, comprend quatre filons de quartz aurifère connus, intercalés entre des couches de schistes avec une direction sensiblement E. Deux seulement ont été explorées par la Société, ce sont ceux que l'on désigne par *Mina-de-Cima* (mine du haut) et *Mina-de-Baixo* (mine du bas). Le premier est composé de quartzite avec une certaine quantité de pyrite ordinaire et peu de pyrite arsénicale, disposées en lignes stratifiées, d'une puissance atteignant jusqu'à 6 mètres et présentant une inclinaison de 39° vers le N. Le second est composé de quartz cristallin, souvent enfumé, avec peu de pyrites de fer et de cuivre, ainsi que de galène ; l'or y est souvent visible, tantôt à l'état de grains fins, tantôt sous forme de larges taches ; sa puissance est d'environ 2 mètres et son inclinaison de 45° vers le N. (1).

Le traitement du minerai se fait à un moulin de 15 pilons brésiliens ; les sables concentrés par lavage sur des tables à toiles sont soumis ensuite à l'amalgamation.

Companhia Aurifera de Minas Geraes (1892).— Elle s'est établie le 21 mars 1892, au capital de 200 contos de reis, dans le but d'exploiter divers gisements métalliques, et a acquis peu après, pour le prix d'environ 68 contos de reis, le gisement de quartz et pyrites de *D. Florisbella*, dont elle s'est occupée aussitôt de préparer l'exploitation (2).

On a commencé par exécuter le percement de deux galeries destinées à atteindre le gîte, déjà mis à découvert en quelques points par les anciens propriétaires, et par faire l'installation d'un moulin de 5 pilons californiens, mis en mouvement par une

(1) C. Prates. Empresa de Mineração do Caethé. *Revista Industrial de Minas Geraes n. 1, 15 de outubro de 1893.*

(2) Relatorio da Companhia Aurifera de Minas Geraes, 1 de julho de 1893. *Rio de Janeiro. Soares & Niemeyer édit. 1893.*

roue Pelton, qui reçoit l'eau amenée par un canal de 7 474 mètres dans une conduite en tubes de fonte de 200 mètres avec une hauteur de chute de 120 mètres.

Les travaux sont encore dans la période préparatoire.

COMPANHIA BRASILEIRA DE SALITRAES, TERRAS E CONSTRUCÇÕES (1893).— Cette Compagnie exploite, depuis janvier 1893, la mine de *Vasado*, située à près de 3 kilomètres du village de Sumidouro, au flanc S. de la Serra d'Itacolumy.

Le gisement se compose de veines de quartz blanc, accompagné de quelques pyrites de fer et de galène argentifère, avec grains d'or visible dans le quartz. Il recoupe les terrains de schistes micacés.

Actuellement, on exécute divers travaux d'exploration.

ASSOCIATIONS PARTICULIÈRES DE MINES.— Outre ces diverses Compagnies, il existe aussi quelques petites associations particulières, qui font l'exploitation de certains gisements dans le but de former plus tard une Compagnie, si l'importance du gîte le permet, ou simplement pour mettre elles-mêmes leur mine en valeur.

Entre elles nous signalerons :

La mine de BARRA, près de Santa Barbara, appartenant à la famille Penna, qui l'exploite depuis plusieurs années. « L'or se rencontre dans un filon de limonite provenant certainement de la décomposition de pyrites et offrant un intérêt particulier. Des échantillons de ce chapeau de filon rendent 15 grammes d'or à la tonne, teneur qui s'élève à 45 grammes pour des concrétions ferrugineuses. Ce filon est accompagné de quartzite sableuse, de sables ocreux, de limonite et hématite concrétionnées, dont on peut voir des échantillons rendant jusqu'à 260 grammes d'or par tonne (1). » Cette mine, exploitée autrefois à ciel ouvert, est travaillée maintenant au moyen de galeries ; deux

(1) F. J. DE SANTA-ANNA NÉRY. Le Brésil en 1889. Chapitre IV. Minéralogie, par H. GORCEIX, page 74. *Paris. Ch. Delagrave, éditeur. 1889.*

moulins brésiliens, l'un de 5 bocards, l'autre de 9, permettent d'exécuter le broyage du minerai, lavé ensuite sur des tables à toiles.

La mine de CORREGO-S. MIGUEL, près de S. João do Morro-Grande, est exploitée depuis plus de deux ans par un Syndicat anglais, *Morro-Grande Syndicate*. Le gisement comprend une couche de jacutinga aurifère, exploitée primitivement à ciel ouvert. Actuellement on se propose d'atteindre le gîte en profondeur par un puits, qui a déjà près de 30 mètres, mais dont le fonçage est momentanément arrêté à cause d'une affluence de l'eau, que l'on espère vaincre au moyen d'une pompe en montage ; on exécute également au flanc de la Serra, deux galeries de niveau destinées à rencontrer la couche dans les parties hautes. Les travaux se trouvent donc réduits pour l'instant à l'exécution de ces diverses voies d'accès.

La mine de BOA-ESPERANÇA se trouve au S. de Caethé, sur le flanc O. de la Serra de Espinhaço, opposé à celui qui renferme le gîte de Gongo-Soco. Elle appartient à deux associés, le colonel Theophilo Marques Ferreira et José Gonçalves de Carvalho. Le gisement se compose d'un filon de quartz blanc ou enfumé, à structure en chapelet, comprenant plusieurs renflements ou colonnes disposés suivant une ligne de direction N. 75° E., intercalé entre des terrains schisteux formés d'une roche ferrugineuse (*caco*) au mur et de schistes gris au toit ; sa plongée est de 60° vers le N. La ligne des affleurements se suit sur une extension de plus d'un kilomètre, par suite des excavations faites par les anciens mineurs en plusieurs de ces colonnes. L'exploitation actuelle ne porte que sur une des colonnes, désignée primitivement sous le nom de mine de *Tijuco* et postérieurement *Serra*. Exploitée d'abord à ciel ouvert jusqu'à une profondeur d'environ 30 mètres, elle a été reprise par les propriétaires actuels au moyen d'une galerie en travers-banc, qui a atteint le gîte à quelques mètres au-dessous, puis, au moyen d'un petit puits incliné, on a ouvert deux étages de 8 mètres avec galerie de direction à chaque niveau ; ce puits a été ensuite prolongé à la partie supérieure jusqu'au jour, de sorte que l'on fait l'extraction au moyen d'un manège placé à la surface près de son orifice et l'épuisement au moyen d'une pompe qui élève l'eau seulement jusqu'au niveau du travers-banc. Les travaux faits jusqu'ici ont permis de constater que cette colonne présente une puissance variable de 0m,30 à 2m,50 sur une longueur exploitable suivant la direction d'environ 50 mètres, et qu'elle tend à se déplacer vers l'E. à mesure que l'on s'enfonce. Deux moulins brésiliens, de 6 bocards chaque, travaillant irrégulièrement et de jour seulement, broient 50 à 60 tonnes de minerai par mois. Les sables concentrés sur des tables à toiles sont amalgamés à la batée. La teneur du minerai traité est de 25 grammes par tonne, dont on perd 5 grammes dans les tailings (1).

La mine de Juca-Vieira, désignée aussi sous le nom de *S. Luiz*, est exploitée depuis 1891 par M. José Affonso, associé avec d'autres personnes. Le gisement, situé à quelques kilomètres au S. de Caethé, est un filon de quartz enfumé contenant quelques pyrites de fer et arsénicale, un peu de galène et de stibine, où l'or se rencontre à l'état de grains fins et quelquefois en lignes et cordons. Les anciens mineurs ont fait des travaux aux affleurements et ouvert une longue tranchée, qui suit une ligne sensiblement E. O.; comme le gîte semble s'enfoncer avec une inclinaison voisine de la verticale, l'exploitation actuelle se fait au moyen d'un puits d'accès, avec un manège à mulets pour l'extraction. Un moulin de 12 bocards brésiliens sert au broyage du minerai, dont les sables passent sur des tables à toiles et sont ensuite amalgamés dans un petit tonneau; on traite environ 360 tonnes de minerai par mois. On a commencé à broyer en juillet 1891 et la production depuis cette époque a été :

en 1891 (6 mois).............	8 982	grammes	d'or
» 1892.......................	14 689	»	»
» 1893.......................	19 484	»	»
Total..............	43 155	»	»

représentant une valeur de 109 contos de réis. Cette exploitation, dirigée d'une manière économique par le principal associé, est faite avec un personnel de 25 ouvriers.

(1) Mrs. J. Taylor e Sons. Report on the Boa Esperança Mine, Province of Minas Geraes, Brazil. May 8, 1890.

La mine de CARRANCA et sa voisine SANTA CRUZ, situées au S. de Caethé, appartiennent au baron de Tingua et à Antonio José Peixoto de Souza. Seule, Carranca est actuellement en exploration. Le gîte est formé de veines de quartz aréneux blanc intercalées par séries parallèles au milieu des schistes colorés, avec une puissance atteignant jusqu'à 3 mètres dans les parties découvertes, et une direction suivant une ligne sensiblement E. O., d'extension inconnue. Pour le moment, on fait quelques travaux de recherches dans les parties hautes de la montagne, qui renferme le gîte, au moyen de courtes galeries de niveau. Le traitement, du reste facile, de ce minerai en partie terreux, est exécuté dans un moulin de 6 bocards brésiliens, travaillant seulement de jour, avec tables de lavage et amalgamation à la main. On broie en moyenne 3 tonnes de minerai par jour de travail, dont on retire de 6 à 10 grammes d'or par tonne.

A ces diverses mines, il faut en joindre d'autres exploitées par leur propriétaire. Dans le *Tableau I* se trouvent groupées les diverses mines citées, ainsi que celles de moindre importance actuellement en exploitation ou ayant été exploitées antérieurement.

TABLEAU I

PRINCIPAUX GISEMENTS AURIFÈRES DE MINAS GERAES

I. — FILONS DE QUARTZ ET PYRITES AURIFÈRES

II. — FILONS DE QUARTZ AURIFÈRE

III. — COUCHES D'ITABIRITES AURIFÈRES

IV. — COUCHES D'ALLUVIONS AURIFÈRES

TABLE DES MATIÈRES

CHAPITRE III

Traitement des sables et minerais aurifères

CHAPITRE IV

Impôt sur l'or et maisons de fonte

CHAPITRE V

Législation des mines d'or au temps des colonies portugaises

DEUXIÈME PARTIE

EXPLOITATIONS MODERNES

CHAPITRE VI

Mines d'or et Compagnies de mines

www.ingramcontent.com/pod-product-compliance
Lightning Source LLC
LaVergne TN
LVHW020608230826
846091LV00002B/647

* 9 7 8 2 3 2 9 2 8 7 9 1 1 *